数学には

こんなマーベラスな役立て方や楽しみ方があるという話をあの人やこの人にディープに聞いてみた本

2

◎○◎

数学セミナー編集部＝編

日本評論社

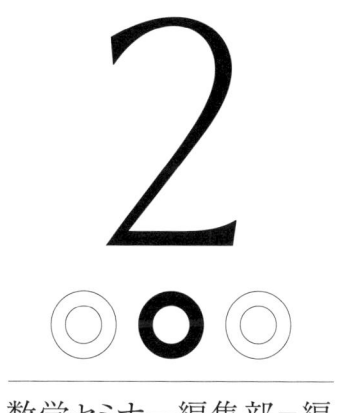

はじめに

　昭和や平成の前半期頃は、各種メディアを通じて数学は「嫌い」と公言されることがよくあり、「好き」であることを表立って宣言して第一線で活動されている方は、そこまで多くはなかった印象があります。この風向きが変わってきたのは、平成も後半になって以降でしょう。二〇〇〇年代半ばより、世間で「数学ブーム」が喧伝され、「この数式（数）が美しい」とか「ビッグデータが使える！」とか「こんな意外なところにも数学が！」とか「今度は人工知能だ！ チャットGPTだ！」と叫ばれ続けた結果、次第に数学愛がオープンに語られ始めたのだと思います。この流れには、当然のことながらSNSやオフ会・イベントの普及も強く関わっているでしょう。

　本書のベースとなった、雑誌『数学セミナー』（日本評論社）のインタビュー連載「数学トラヴァース」、そして本書は、そのような時代背景の下に生まれました。各分野で活躍されている方々に、数学との関わりや意外な使い方、楽しみ方を思う存分に語っていただき、数学の魅力や多様性を伝えることを目指しています。数式は、ほぼ登場しませんので、数学があまり得意ではない方、お嫌いな方にもお楽しみいただけると思います。

　最後にお詫びを一つ。本書の異様に長い書名についてです。どうしてこうなってしまったのかを手短にご説明しますと、連載がある程度進み、書籍化の企画を考えていく際に、短い書名ではどうしても内容を的確に表現しきれないという問題が発生しました。何日考えても解決できない……、そこでいっそのこと、あえて長くする方向に舵を切ることにしました。とても覚えにくく呼びにくいので、読者の皆様にはご不便をおかけするかも知れません。「トラヴァース本」や「マーベラス本」など、適宜略していただけますと有難いです。

本書は全3巻で構成されます。この第2巻では、ゲームクリエイターの山名学氏(ジニアス・ソノリティ株式会社)や棋士の広瀬章人氏(日本将棋連盟)などが登場します。ほかの巻でも、多種多様な方々が独自の数学観を語っていますので、ぜひともお楽しみください。

二〇二三年八月二九日　『数学セミナー』編集部

目次 contents

第1巻　目次

第3巻　目次

数学にはこんなマーベラスな役立て方や楽しみ方がある
という話をあの人やこの人にディープに聞いてみた本

2

1

数学をゲームに載せるには

山名学氏にきく（ゲームクリエーター、ジニアス・ソノリティ株式会社）

本章では、ゲーム制作会社ジニアス・ソノリティの代表取締役を務める山名学氏にお話を伺う。山名氏は、名作ロールプレイングゲーム（RPG）「ドラゴンクエスト」シリーズにⅢからⅦまでプログラマー、ディレクターとして携わったことで知られている。ゲーム制作と数学にはいったいどのような関係性があるのだろうか。

『ドラゴンクエストⅣ』とAI戦闘機能

▼「ドラゴンクエスト」シリーズは、一九八六年五月二七日にエニックスより発売されたファミリーコンピュータ（ファミコン）向けゲーム『ドラゴンクエスト』を第一作とする、日本を代表するRPG*1の一つである。

二〇一六年には「ドラゴンクエスト」シリーズ誕生三十周年を迎え、二〇一七年七月に、『ドラゴンクエストⅪ 過ぎ去りし時を求めて』(スクウェア・エニックス)が発売されている。

その中で、一九九〇年二月に発売された『ドラゴンクエストⅣ 導かれし者たち』[図1-1]は、人工知能(AI)による自動戦闘という、先進的な機能が導入されている[図1-2]。どのような経緯があったのだろうか。

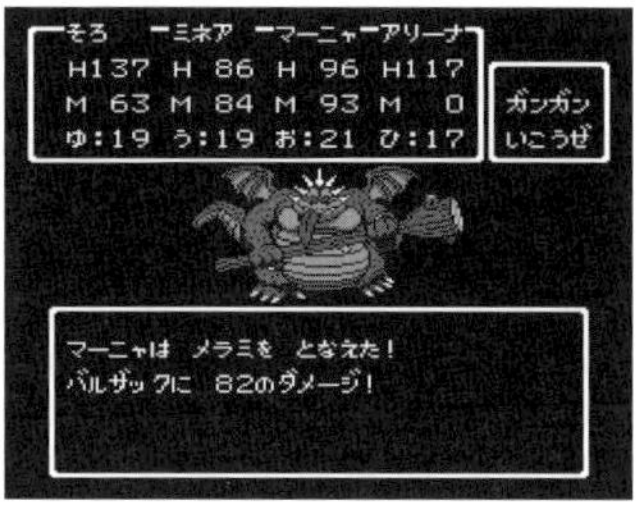

上|図1-1『ドラゴンクエストⅣ』(エニックス)パッケージ[©1990 ARMOR PROJECT/BIRD STUDIO/SPIKE CHUNSOFT/SQUARE ENIX All Rights Reserved.]

下|図1-2『ドラゴンクエストⅣ』の戦闘画面(第5章):「みんながんばれ」「いのちをだいじに」など、いくつかの「さくせん」が選べ、それをもとに主人公以外のキャラクターが自動的に行動する。[©1990 ARMOR PROJECT/BIRD STUDIO/SPIKE CHUNSOFT/SQUARE ENIX All Rights Reserved.]

＊1 プレイヤーが主人公やその仲間(キャラクター)を操作し、障害として立ちふさがる敵との戦闘を繰り返しながら経験を積み重ねてパワーアップし、徐々に行動範囲を広げていき最終的に目標を達成する、というジャンルのゲーム。各ゲームによって、キャラクターの個性や成長の仕方・アイテム・物語演出・冒険探索・戦闘などに特色がみられる。

企画を始めたのが一九八八年で発売が一九九〇年ですから二年かかっていますが、ゲームの実制作の期間は一年半、プログラマー五人で行いました。ゲームの仕様をまとめていく過程で、どうしても今作の目玉が欲しいということになりました。前作のⅢでは、異なる職業のキャラクターが作れてパーティ編成ができたり、転職ができたりすることを売りにしたのですが、Ⅳではとても悩みました。そのとき、シナリオを担当する堀井雄二さんから「もっと楽にゲームをやりたいんだよね」という話がありました。当時のＲＰＧは「戦闘」が遊びの中心だったのですが、その部分が初心者には結構難しかったのです。ＲＰＧが難しく感じる人でもできるゲームにしたかったため、プレイヤーが監督的立場に立ち、仲間に指示を出す自動戦闘を売りにしようという話になりました。

▼自動戦闘機能の制作に取り掛かるために、ニューラルネットワークや、当時開発されたばかりのディープラーニングのルーツとなる技術が書かれた書籍を読み漁ったという山名氏。しかし、その頃の環境では無理だとすぐに判断したという。

ファミコンのチップは当時としては先進的なものでしたが、それでも8ビットのＣＩＳＣチップ、ＣＰＵの周波数が1.8メガヘルツ程度で、データバスも8ビットしかありませんでした。現在の一〇〇〇分の一の能力しかなく、扱える数字も64ビット（2^{64} = 18446744073709551616）ではなく8ビット（2^{8} = 256）までしかありません。一番つらかったことは、ＣＰＵにＦＰＵ（浮動小数点演算処理装置）がないことです。これによって、基本的に足し算と引き算しかできず、8ビット以上の足し算・引き算や掛け算は時間がかかります。このような状況ではどうやっても偏微分などを扱えませんでした。

▼しかし、事態は待ってはくれなかった。

自動戦闘をどういう名前にしたら良いか、という会議では、「AIや人工知能はインパクトがあるよね」という話になっていました。このままでは、絶対にそっちに決まるなと思いました。

▼そこから半年間、試行錯誤の日々が続いた。

AIと言うには「学習」が必要だと思ったのですが、そのためにはニューラルネットワークを入れないと実現が難しい。また、何が正解だったのかをAIに教える仕組みが絶対に必要です。だから「今の戦闘はよかったですか？」といちいち聞かなくてはならない。困ったなあと思いました(笑)。

マシンの性能が低いため、複雑な計算はできない。だから、加減算と使用回数を極力減らした乗算のみで、いわゆる「エキスパートシステム」[*2]的な考え方で真面目に評価関数をたくさん作ってみました。評価関数の値が一定値以上であれば、ほかの計算を待たずにその行動で確定してしまうなど工夫をしたのですが、これを、実際に動かしてみたら結果が三分間返ってきませんでした(笑)。これではプレイヤーはゲームに集中できません。どのくらいならスムーズにゲームができるか測ってみたら、0.8秒が限界でした。この状態から、いかに計算を簡略化するのかに苦労しました。

▼さまざまな工夫と簡略化の結果、計算速度は見事に0.8秒の壁を越えたという。

敵が大量に出てくると、総当たりをするので時間がかかることもあるのですが、待ち時間についての

＊2　「人間の専門家(エキスパート)がもつ知識」を事前に蓄積し、そこから一定の推論ルールに従って結論を導き出すシステムのこと。本巻第6章の藤本浩司氏のインタビューでも登場する。

苦情はありませんでした。
▼一方で「学習」に関してはプレイヤーの評価はシビアなものであった。
ここにある敵を一撃で仕留める特技があるとします。ただ毎回成功しているとゲームにならないため、成功する確率は七〇％に設定します。特技が成功すると「これを使うといいよ」というゲージを上げることにして、同じ敵で何度か試すことで学習できたり、弱点を見つけることができる。これで一応AIの体裁を保てるだろうと思ったのです。ところが、新しい敵に対して最初は学習していませんから、強いボスに対して学習するまで何度も効果のない特技を使ってしまうのです。現代であれば修正パッチを出せたりするのですが、当時のファミコンのカセットでは難しい。この欠点は、当然、このシリーズ以降では解決したのですが、初めての試みのため、そのあたりの調整が厳しかったです。

大したことはできませんでしたが、『ドラゴンクエストⅣ』の良いところ悪いところを取り入れたゲームソフトは数多く存在していると思いますので、自分なりに現在の自動戦闘の基礎は作れたと感じています。

ゲーム制作は制約との闘い

▼当時の家庭用ゲームでは、もとは頑健な数学の理論を、いかに安い計算コストで実現するかに心血を注いでいたという。

本当はフルにプログラムで組んでから簡略化するのが一番なのですが、フルに組むこと自体が当時のコンピュータではできないのです。ファミコンもパソコンも当時はほぼ同じような性能しかありませんでした。プログラミング言語はBASICがありましたが、C言語はUNIXのシステムが載った一台一〇〇〇万円もするような高価な計算機でしか使えませんでした。

現在のパソコンですと一六ギガバイトのRAMなどが一般的で、そこでプログラムが処理されますが、『ドラゴンクエストⅣ』の場合プログラム全体を載せるROMが五一二キロバイト、それを処理するRAMが一六キロバイトしかありません。表現のしようがないぐらいの小ささで制作をするので、理由のない機能は真っ先に切られるのです。

▼どのようなテクニックを用いて、計算コストを改善させたのだろうか。

例えば、二つの長方形の面積の大小を比較したいとき、普通は掛け算をして大小を決めれば良いのですが、比べるだけなら2＋3と3＋3のように、足してもだいたい似た結果になりますよね。掛け算を足し算で代用するのはよくあることでした。キャラクターが物を投げる操作をするときの放物線の軌跡もそうです。二乗式なので当然掛け算を使うわけですが、物が何個も画面を飛んだ日にはそれだけで遅くなってしまいます。そんなときも足し算を使います。増えていく座標を1＋2＋3＋4＋5＋…と表現すると、二乗的な階差が生まれるのです。

▼物体と物体の「当たり判定」なども重要な要素の一つだ。

円柱が壁に当たる問題を考えてみます。動いていなければ交差の問題ですので簡単に解けるのですが、動いている場合は、これ以上は壁に当たって奥へ行けないという「当たり判定」をする必要が生じます。これは、典型的な数学の問題ですが、「ファミコン」もさることながら「ニンテンドー3DS」のような現代の家庭用携帯ゲーム機であっても、そのまま解いてしまうと計算が遅く、「数学のどこで手を抜くか」という点で相当工夫が必要です。まず考えられそうなのは、空間全部で計算すると総当たりとなって計算回数が増えるので、計算をする空間を絞り込むことです。数学を使うと適切に絞り込むことができるのですが、さらに余計な計算が必要になって遅くなる。そこで、空間をざっくり四分割して、そこに入っていないものは大胆に捨ててしまうということを行います。そんな工夫を当時のゲーム制作者はみんなしていたと思います。

破天荒に暮らした子供時代

▼山名氏を育んだ子供時代はどのようなものであったのか。数学に興味を持ち好きになったのは、学校の先生のおかげだという。

小学校の担任の先生は、教科書に書いてあることを全然やらない人でした。その人の授業が面白かったのです。

机の上にカセットテープの箱みたいなものがたくさん立てて並べられています。それで鉄球を転がして何個倒れるかという話をする。速度が遅かったら少ししか倒れないけど、速ければいっぱい倒れるでしょう。箱を何個倒すにはどのぐらいの速度で投げれば良いか実は計算できる。三十個ある山のうち十五個だけ倒すことは算数で計算できる。……こんなことを延々とやっているわけです。

化学の授業では、まず水の入っているビーカーにパチンコ玉を落とす。すると沈みますよね。次に、「だけど常識とはそういうものではない」と言って、今度は水銀の入ったビーカーにパチンコ玉を落とす。すると、水銀のほうが比重が大きいから沈まない。「ほら、浮いただろう」とか言っているのですが、水銀をこんなに教室へ持ってきてはまずい(笑)。別の日には「包丁で切れる金属があるんだ」と言ってカリウムを持ってきてしまう。いけないことなのですが、僕たちは分からないから、「すげぇ、先生触らせて」と大喜びでした(笑)。

おかげで科学と数学のイメージがすごく鮮明になりました。その先生が教えてくれたのは、算数は物理を扱うときに使える便利な道具なんだ、というところから入ると算数が嫌いにならないということです。

そのクラスの子はみんな数理系が強かったです。現在どうなったかは知らないのですが、中学校ぐらいまでは成績優秀だったと聞きます。非常に刺激的な毎日でした。

▼この授業を受けたせいか、その後、山名氏は化学、それも怪しい錬金術にハマることになる。

「その辺に落ちている石の中に実は水晶が含まれていることもあるんだよ」みたいな話を先生がしていたのです。水晶はカネになると思い、拾い集めた石の中のものを抽出することを考えました。濃硫酸、濃塩酸、濃硝酸、…お袋に買ってもらいました。これらは意外と簡単に買えたのです。そうしたら、実験中に失敗して家の天井と窓ガラスを吹っ飛ばしてしまいました。これは単純な話で、金属を酸に解かしたときに水素が予想以上にたくさん出てしまい、そこに親父がたばこを吸いながら入ってきたのです（笑）。近所で問題の家でした。

▼錬金術を諦めた山名氏が次にハマったのが天文学で、数学やプログラミングと本格的に出会うのもこの時期である。

小学五年生の頃にお年玉をかき集めて安い天体望遠鏡を買いました。天体観測のために座標計算をやりたくなったのですが、手で計算するのは面倒で嫌だと思い、コンピュータにやらせようと考えました。ただ、当時はコンピュータがどこに売っているか知りませんし、実物を見たこともありませんでした。

その後、授業でラジオの仕組みを少しだけ習ったのですが、ラジオは自分で作れるのかと思って、秋葉原へコンデンサなどを買いに行くようになりました。ある日、秋葉原を歩いていると、この上は行ってはいけない雰囲気を醸し出しているビルがありました。気になって恐るおそる行ってみたらそこにコンピュータが並んでいたのです。行ってはいけないのではなくて、単に客がいないだけでした(笑)。ゲームっぽいものもありましたし、「アップルⅡ」や当時「PET」と呼ばれたコモドールのマシンやNECのマシンがありました。これなら天文計算ができると思い、店頭でコンピュータを借りてプログラムをし始めたのです。日曜日は学校が休みなので、コンピュータを一日中使えるお店を見つけて、おにぎりを持って朝から並んで椅子を陣取り、ずっとプログラムをやって大学ノートに写して帰り、また来週。アップルⅡを自分で買ったのは高校生の頃なので、中学三年間はずっとそこに通っていました。

▼ゲームを作り始めたのもこの頃だという。

そのうち天文計算は飽きてしまいました。実はこの店へゲームを作りに来ている人が五人くらいいて、自作ゲームを交換する仲になりました。そのうち、PCの店頭デモ画面やゲーム制作のバイトを頼まれるようになりました。中学生の頃から新聞配達の仕事をやりましたが、賃金が安かった記憶があります。新聞配達では永遠にアップルⅡが買えないけれど、これなら買える、と思いました(笑)。

▼高校ではデパートでのアルバイトも始めたが、時給五〇〇円だったと語る山名氏。当時のゲーム制作の給料は破格だったという。

高校時代の途中でゲーム制作の会社が登場して、バイトをしたら時給一五〇〇円でした。そこでいろいろな人たちと出会い、フリーでゲームを作りながらドラゴンクエストへたどり着くという感じです。高校二年生から大学三年生の五〜六年の間の出来事です。

▼現在は家庭用のパソコンが数万円という安価で買える時代であるが、当時のゲーム開発用のパソコンは総額二〇〇〜三〇〇万円。高校生の山名氏はどのように買おうとしたのだろうか。

ＭＳＸのゲームを制作すると、Ａ社が高額で買い取ってくれるらしいという話を聞きました。ただ、開発には一六ビットＰＣと、インサーキットエミュレータが必要でした。そこで、「売れていないＰＣショップを探す」ことを思いつきました。

一日に一人も客の出入りがない店を探し出してそこへ行き、「この店を二週間貸してもらえませんか。ゲームを作って売ると、Ａ社が高額で買ってくれますから、その分け前としてお店に四割ほど差し上げます」と交渉したのです。その結果、開発したゲームを無事買い取って貰えました。本当に、ひどいサバイバル人生ですよ（笑）。

▼その経験が活きて大学に通うことができ、ドラゴンクエストにも巡り合えたという。

家には大学へ行くお金がありませんでした。奨学金を借りることも考えましたがこの先どうなるか分からない。そこに、ゲームで得たお金が転がり込んできました。ここは大学へ行くしかないと思い、受験をして日本大学へ行くことになりました。ゲーム開発で得たお金の余りは大学の学費と車を買ってなくなってしまったので、生活をするためにはそのときに一番流行っているゲーム会社に行くしかないと考えました。

『ドラゴンクエスト』はやったことがないけど流行っているんだ。あっ、このゲームはアップルⅡでやった『ウルティマ』と『ウィザードリィ』に影響されているのか。これは面白い、と思って電話をしたのです。その時点で、プログラムの経験が六年以上あったので、「すぐ作れます」と言ってⅢから参入しました。

現代のゲーム開発

▼今も昔もゲーム開発に数学は欠かせない。いったいどのようなところに利用されているのだろうか。先述の「当たり判定」などが代表的であるが、最近では地図の描画に数学が欠かせないという。

『Pokémon GO』(ナイアンティック社/株式会社ポケモン)など地図を利用するゲームが最近登場していますが、地図の描画はベクトルデータで行われますので、数学の知識がないとプログラミングは難しいです。また、スマートフォンのゲームアプリは必ずサーバと同期をとって進めます。その通信の際には、誤りを訂正する符号を付ける。これは数学的に作られています。また、暗号的な使い方もゲームの内部ではたくさんしていて、これには素数が関わってきます。だから、使用する数学の幅は広いのです。会

図1-3『電波人間のRPG』(ジニアス・ソノリティ):Wi-Fiの情報が画像のようなキャラクターとなって出現する。

社には数学の本がたくさんありますよ。

▼山名氏の会社が製作した『電波人間のRPG』［図1-3］でも面白い形で数学が使われている。プレイヤーの周囲を漂う電波を「電波人間」として捕まえて、「電波人間ハウス」をベースにパーティを組んでさまざまなダンジョンを攻略するゲームとなっている。二〇一二年にニンテンドー3DSで発売されたこのゲームは、累計四九七万ダウンロード（二〇二三年四月時点）を超えるヒット作となった。

カメラで風景を覗き込むとキャラクターが飛んでいるのです。このような仕掛けは最近ではいくつかのゲームで取り入れられていますが、実はうちが最初に実現させました。さまざまな場所にWi-Fiのステーションがあると思いますが、これらが持っている固有の値（MACアドレスなど）をハッシュすることで、二五六ビットぐらいの数字にします。この数字をもとにキャラクターの姿形をモンタージュするのです。Wi-Fiのある場所にはそれに対応したキャラクターがいて捕まえられます。GPSの位置情報をもとに同様の仕掛けを使ったゲーム『Pokémon GO』が大流行しました。スマートフォン版の『New電波人間のRPG』は、規制の問題でWi-FiではなくGPSで自分の位置情報をハッシュしてキャラクターを決めています。ただ、GPSだとどこでも位置情報が得られるため、海上でもキャラクターが発生してしまいます。そこで、背景の建物の面積を計算して、人の居る場所か判断をして出現数を制御しています。既存の情報を使って少し数学的な計算をして、お客さんに楽しんでもらう工夫は、いつも考えています。

数学の魅力

▼山名氏にとって、数学の魅力は常に好奇心を満たしてくれることだという。

数学は、いつも「謎」があって、それが解けると、またすぐに次の謎も出てくる。なので、好奇心を絶やさずいられるので若くいられる気がします。拒絶をしたりして好奇心を失うと、自分で思考ができなくなってしまうと思うのです。

▼数学は趣味だという山名氏。どういうところで好奇心が生まれるのだろうか。

身近な数学の例で言えば球の体積。$4\pi r^3/3$を作るために円の面積を積分すれば良いという話があるじゃないですか。じゃあ、表面積は円周を素直に積分すれば良いのかと思ったら違うのです。「あれ？」って思って、そこから勉強にハマっていってしまいます。

この前も、ニューラルネットワークの勉強を改めて始めてみたのです。偏微分は公式を見ればまあ分かるのですが、ちゃんと勉強していなかった気がするので東京大学出版会の解析学の本を買いました。この変な三角形は何と読むんだったかな？…デル？…デルタ？…まあいいや、みたいな感じで勉強しています（笑）。

▼他社のゲームからも数学的な好奇心が刺激されることがあるという。

一九九〇年代に、とてつもないゲームが発売されました。『DOOM』（id Software）というゲームで、現在の「ファーストパーソン・シューター（FPS）」と呼ばれる本人視点のシューティングゲームの先駆け的作品です。3D空間が目の前に広がっていて、自分が歩いていって敵が出てくると銃でバンバン撃つ。ただそれだけなのですが、数百メートル先まで見えていて、オブジェクトもたくさんあるのに、遅いパソコンでも描画が恐ろしく高速なのです。そのからくりは、「バイナリ空間分割」という理論で、ツリーを使って部分空間を削除していく手法です。今ではもう一般的ですが、あれは感動しました。こういった理論が継承されて現在のゲームができています。だから、ときどき数学の教科書を買ってしまうんですよね。次は代数あたりを買うんだろうな、たぶん。

サービス精神が時代を左右する

▼ゲーム制作の魅力は、人々に感謝されることだという。

いちばんの魅力は、お客さんが面白かったと言ってお金も払ってくれることです。数学書もそうだと思うのですが、本を買ってくれて、「すごくいい本でした、本当にためになりました」とも言われるのは最高じゃないですか。

また、出版物やゲームは時に人生を変えてしまう場合があります。最近、ゲームで人生が変わったという人が多いのです。小学校の現場ではいろいろな問題があって、いじめなどもあったりするのですが、「うちのゲームをやって没頭することによって心が安らげた」という言葉をもらったときはうれしかったですね。そういうことって、やっぱりあるんだな、これからも真面目に作っていきたいなと思いました。

▼最後に、数学好きの読者に伝えたいことがあるという。それは、もし周りの人に「数学を教えてほしい」と言われたときは、楽しんで学べるような教え方をしてほしいという。

数学に興味を持って勉強したいと思い、数学者の説明を聞いたり教科書を読んでみると、理屈から入ることが多いのですが、そこから勉強を始めるとつまらなく感じてしまいます。難しいことかも知れないのですが、例えば自分のやりたいことが数学を使うとできる、というところから数学に入れると良いなと感じています。

僕は雑誌『Newton』が好きなのですが、その理由は「好奇心を的確に煽る」という点です。これで僕は数学にハマってしまいました。だから、興味の入口として雑誌は良いなと思っています。『数学セミナー』もそうですよね。以前社員の誰かが読んでいたのですが、興味のある話題があって見ていたようです。

▼山名氏が重視するのは「サービス精神」だ。

ゲームというのは人を喜ばせる商売なので、自分で考えたものを自分で作って自己満足をしてはいけません。たとえば女の子と付き合うときは、「この子を俺に振り向かせて、一緒に食事に行きたいと言わせるにはどうすれば良いか」を考えますが、僕はこれをゲームに置き換えてずっと考えているのです。

昔は作家性を出して「どうだ、これをやれ」という作品が多かったのですが、最近はそうではありません。「無料でいいからこれをやってください。きっと面白いですよ」とか「気に入ったら、少しお金を払ってもらえればもっと楽しく遊べますよ」という感じです。

今の世の中、学歴だけで人を判断するのは難しくなってきていますので、数学や好奇心も重要ですが、ぜひサービス精神を身につけてほしいと思っています。

［二〇一七年七月一三日談］

山名学

やまな・まなぶ

1965年、東京生まれ。高校在学中よりゲーム制作を行い、日本大学生産工学部数理工学科在学中の1986年に株式会社チュンソフトへ入社。取締役開発部長などを経て、1992年に有限会社ハートビートを設立し、2002年まで「ドラゴンクエスト」シリーズの制作に携わる。現在、ジニアス・ソノリティ株式会社代表取締役社長。

2

双対図形に導かれて

松川昌平氏にきく（建築家、慶應義塾大学）

本章では、建築家の松川昌平氏をとりあげる。松川氏は慶應義塾大学で教鞭をとる傍ら、建築にプログラミングと数理科学の力を援用する作品・研究を数多く発表している。また二〇一六年、東京二〇二〇オリンピック・パラリンピック大会のエンブレム発表の直後に「ランダム・エンブレム・ジェネレーター」をウェブ上に公開したことで話題となった人物でもある。これらを含め、活動の一端をご紹介したい。

何でも自分でつくる父親

▼子どもの頃は、アウトドア好きの少年であった。

出身は石川県金沢市です。アウトドア好きだった両親の影響で、山に登り、川で魚をとるなど、自然にまみれて遊んでいたという感じです。自然の摂理や数学的な法則性は大人になるにつれて分かってくるのですが、子どもの頃から「ホワイトアウト現象」などの自然現象に圧倒的な畏怖の念を抱いていました。

▼その一方で、松川氏の伯母が開く美術教室にも通っていた。

美術教室といっても日常的な遊びの延長といった感じで、中学生ぐらいまでずっとやっていました。その美術教室はたとえば、河原で拾ってきた石のかたちからイメージを見立てて、キリンにしてみたり、ゾウにしてみたり、ヘビにしてみたりするという教室でした。ものを何かに見立てるような「かたち」の「かち」の読み方や、自然の中の法則性のような「かたち」の「かた」の見抜き方は、こういった遊びを通して得たような気がしています。

▼数学的な原体験は、テレビゲームを通してである。

僕の時代はちょうどファミコンが全盛期で、父にファミコンを買ってとねだったのですが、「買ってきたぞ」と言われて開いたら、ファミコンではなくてセガの「SG1000II」なのです。一応ゲーム機で、ソフトも一個だけ買ってきてくれたのですが、有線のキーボードと分厚いゲームマニュアル、そしてデータの記録・保存用のカセットテープレコーダーが付いており、「これで遊べ」と言われました。ファミコンではないのでとてもがっかりしましたが、それは、「テレビゲームをやりたければ自分でプログラミングしてつくれ」という父からのメッセージでした。言語はBASICで、マニュアルの中にゲームの簡単な作り方が書いてありました。小学五年生頃、みんながスーパーマリオで楽しんでいると

きに作ったのが「じゃんけんゲーム」です。真っ黒な画面の真ん中に、グー、チョキ、パーという片仮名が表示され、それがランダムに切り替わっている。エンターキーを押すと、どれかでストップする。「じゃんけん」と言いながらエンターキーを押して、僕も手を出すみたいなものです(笑)。

最初は単純なゲームしかつくれなかったのですが、そのうち父の会社のコンピュータに長けている方が家に遊びに来てくれて、今でいうProcessingで簡単に作れるコンピュータ・グラフィックスをその場で見せてくれたのです。幾何学的でカラフルな図形が軌跡とともに描かれる、という単純なものですがとても感動しました。

▼通っていた小学校は、偶然にも当時コンピュータをいち早く導入する指定校にされていた。

学校にコンピュータがたくさん導入されていたのですが、そのなかにコンピュータ・グラフィックスを描くソフトがありました。当時は一体何なのか知らずに遊んでいて、後になって分かったのですが、ＭＩＴのシーモア・パパートという先生が開発した「ＬＯＧＯ」というプログラミング言語でした。

特徴的なのは、画面に登場する亀のグラフィックを動かす命令系統が用意されていることです。命令によって動いた亀の軌跡が絵になっていきます。「タートルグラフィックス」と呼ぶのですが、それを小学六年生の頃にやったことを覚えています。

そのため、数学に直接興味を持ったというよりは、コンピュータプログラムを通して必然的に数学が必要になったという方が近いかもしれません。

▼「何でも自分でつくる」という思想は父の影響が大きい。

父は特に数学好きということはなく、普通の証券マンなのですが、とても変わっていました。とにかく、自分で何かを一からつくりあげることにこだわり、与えられたもので遊ぶことはあまり許しませんでした。

たとえばキャンプへ行くにも、設備の整ったオートキャンプ場へは絶対に行きません。僕たちが行くのは、キャンプ場と名のついていないところ…今だと怒られるのですが、いろいろな山へ勝手に入り込んで、いい場所を物色するのです。まず、飲める水がある場所を探します。それが見つかると、次に草刈りをして寝床をつくる。今度はトイレをつくるために、とにかく穴を掘るのです。

▼スポーツをするときも一苦労である。

小学校の頃はサッカーや野球などのスポーツ少年団がたくさんありますよね。それに入りたいと言うのですが全部だめ。仕方がないので、小学四年生のときに仲間を集めて「自分たちでサッカー少年団をつくりたい」と先生に企画書を持っていきました。

練習メニューも自分でつくり、他校のサッカーチームに先生を通して電話番号を聞いて、練習試合のアポイントをとったりしていました。当時のこの環境は厳しいという感じはせず、とても楽しかったです。誰からも教えられないけど、ひとつひとつ自分で何かをクリアしていく喜びが大きかったです。

建築との出会い

▼建築に興味を持ちだしたのは大学受験のときである。

伯母は美術教室の先生で、伯父が内装の設計をやっていました。また、父方の叔母が東京電機大学で建築の先生をやっていて、その旦那が建築家でした。両親は建築に一切関係ないのですが、親戚にものづくりや建築に携わっている人が多くて少し興味を持ち始めました。

一方で、プログラミングを通して物理や数学はずっと好きで、特に理論物理が好きでした。「現実は小説より奇なり」という言葉がありますが、特に量子力学は、僕の常識や直感なんて軽々と飛び超えていくので、とても刺激的でした。また、学生生活では良い先生に恵まれたので、将来は「教員」「物理や数学の研究者」「建築家」、この三つのどれかをやりたいと思っていたのです。決め手は忘れてしまったのですが、結局、最終的にはやっぱりものづくりをやろうと思って、東京理科大学の建築学科を受験しました。

でも結果的に巡り巡って、今は建築も数学も教員もやっている(笑)。人生は分からないものですね。

ボロノイ分割の美容室

▼もともと、学生時代から数学や物理に興味があり、幾何学が大好きだったという松川氏。建築を本格的に数学を使って捉えはじめたのは大学卒業後、個人事務所を持った当初に設計したある美容室がきっかけである。

美容室は通常、大きな四角い空間で、前面に鏡があって横並びにカットスペースがあるかたちをしていますが、この美容室は平面的にみるとボロノイ分割のような、少し変わったかたちをしています。すると、髪を切る場所ひとつひとつに個性が生まれます。美容室を予約する際は普通、「日時」「人」の二つを予約しますが、ここは「あの場所で切って欲しい」と場所の指定もできるようにという目論見がありました。そのため、カットスペースをいったん小さなスペースに離散化した上で、今度はそれらを隣接させていくというような設計手法を試してみました[図2-1]。

必要な部屋数と部屋の大きさを設定し、部屋一つをマルで表して、「この部屋とこの部屋は近くにあって欲しい」という関係性を表にします。そして関係性を引力と斥力に利用したアルゴリズムでコンピュータプログラムを作成して、何回もシミュレーションをしながらプランニングを行うのです。僕は東京で設計を行っていて、クライアントは富山県の方でした。ウェブ上にこのソフトウェアをアップし、遠くのクライアントと一緒にソフトを使いながら共同設計するような形で進めていきました。

図2-1　美容室の写真

▼ここで使用していたのが「グラフ理論」であった。

部屋のマルが「ノード」で、関係性が「エッジ」になっていて方向性と重みづけがある。これって、「重み付き有向グラフ」ですよね。当時から無意識に数学を援用しながら設計をしていたのだと、後から振り返って気づきました。

▼問題になるのが、数学的な理想と現実のコストの問題である。

ボロノイ分割の部屋が理想的なのですが、コストが滅茶苦茶かかります。そのため、ここから減額する作業を行います。本来壁のあったところを取り払ってみたり、屋根を低くしてみたり…、壁の交差を直交に制限してみたり…(笑)。

▼このとき活かされるのが、ボロノイ分割の双対的な表現であるドロネー図である。

これはコストダウンを検討していく際の設計図の一部です［図2-2、次ページ］。これらは一見違う形なので

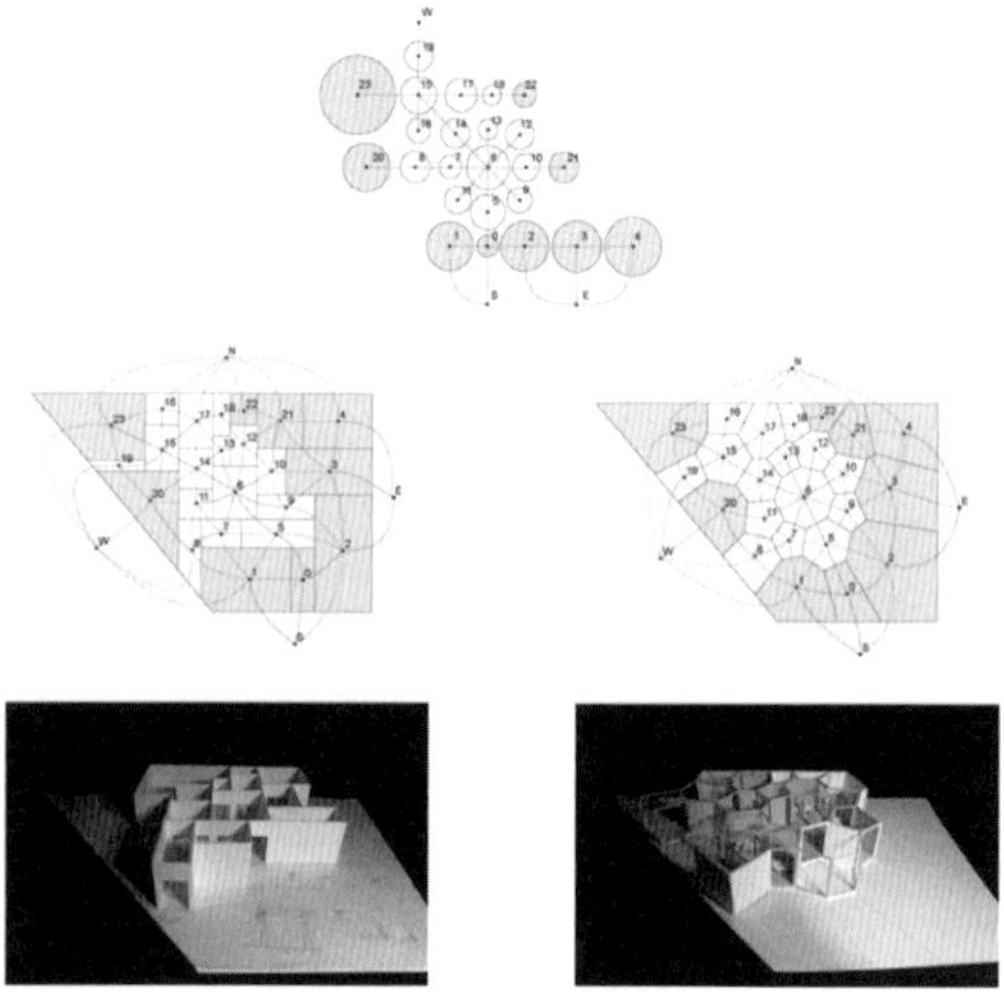

図2-2　上｜動線のトポロジー、中左｜動線のトポロジーを満たした直交プラン、中右｜同ボロノイプラン、下｜各プランに対応した縮尺模型

すが、よく見ると部屋と部屋との関係性はどれも変わっていないのです。つまりトポロジーが同じで、かたちが違うのです。

部屋から部屋への人の行き来はドロネー図で表すことができて、人の動線のダイヤグラムになっているのです。このドロネー図を操作することで、トポロジーが同じでかたちの違う部屋や直交に配置される部屋など、さまざまなことができることに気づきました。

人の動線のコントロールが建築の目標のひとつなのですが、直接人に話しかけて「あっち行け」「こっち行け」と言うわけには行きません。建築のかたちを通して、人を暗にコントロールする必要があるのです。ここでの発見は、ボロノイ図による建築のかたちから人の動線をコントロールすることは難しいけれど、ドロネー図による人の動線から建築のかたちを自動生成できそうだということでした。その双対性って美しいですよね。美容室の設計を行ったあたりから、数理的な概念を利用して建築を解いていこうという取り組みをはじめました。

▼最終的には、直交の部屋割りは採用されず、ボロノイに似た形が採用された美容室。決め手は何だったのだろうか。

直交の部屋は方向性にかなり制約が出てくるのですが、ボロノイだといろいろな方向にいろいろな空間が見え隠れするので、こちらの方が「空間体験」としては豊かなのではないかと直観的に思いました。実際、「日時」や「人」だけじゃなく「場所」も指定して予約してくださるお客さんもいるそうなので、結果的に多様な空間体験を実現できたのではないかと思います。

部屋割りの列挙と自動生成

▼美容室の設計以降、ボロノイ図とドロネー図を活用した研究を続けて行っている。その一例が部屋割りの列挙である。

ボロノイでできることは、トポロジーが同じ直交な部屋でもできると思い、始めたプロジェクトです。直方体の空間を直方体の部屋で分割して得られる図形は直方体分割図と呼ばれます。直方体分割図の部屋の分け方のパターンは何通りあるのか。一つの空間に一部屋しかなければ一パターンしかありません。二部屋になると、東西・南北・上下にそれぞれ二分する三パターンがあり、三部屋になると十五パターン、四部屋になると九十九パターンになります。このような形で列挙するアルゴリズムを考えます。

二次元の長方形分割図は、群馬大学の中野眞一先生によってパターンが列挙されていますが、三次元が難しい。数年前にそのアルゴリズムを日本建築学会誌に論文として出したのですが、実は全パターンを網羅できているわけではなく、少し漏れが出ます。それでも先人たちによって考え出されたものと比べて、最も多くパターン数を割り出せるものになりました。

▼この研究は、住宅の間取りの自動生成にも活かせるのだという。

いろいろなユーザーが「こういう間取りの住宅が欲しい」と言ったときに、そこから動線のドロネー図を取り出して、ドロネー図と実際の間取りのボロノイ図をマッチングさせれば、間取りの自動生成ができるわけです。研究室の卒業生が「アーキロイド」という会社を起業していて、現在その会社と一緒に住宅を自動生成する仕組みを共同研究しています。建築家は「設計図書」という二次元の図面集をつくるのが仕事なのですが、それを構造計算や内観パースなども含めて全部リアルタイムで自動生成します。数年以内に市場に投入できるような段階にすべく、実用化の最中です。

▼自動生成した住宅の間取りには、予想外のものや人が住むには難のあるものも登場する。

ひとつひとつ見ていくと、三階部分に片持ち梁が出てきたり、天高九メートルぐらいの三層ぶち抜けの空間があったり、幅が一メートルに満たないのに長さが五メートルぐらいある部屋があったり、とんでもないものが出てきます[図2-3]。それが面白いのです。コンピュータで次々と生成されるかたちは、川に落ちている石のようなもので、その石を僕たちはどのように使えるのかなど、使い方の想像力が喚

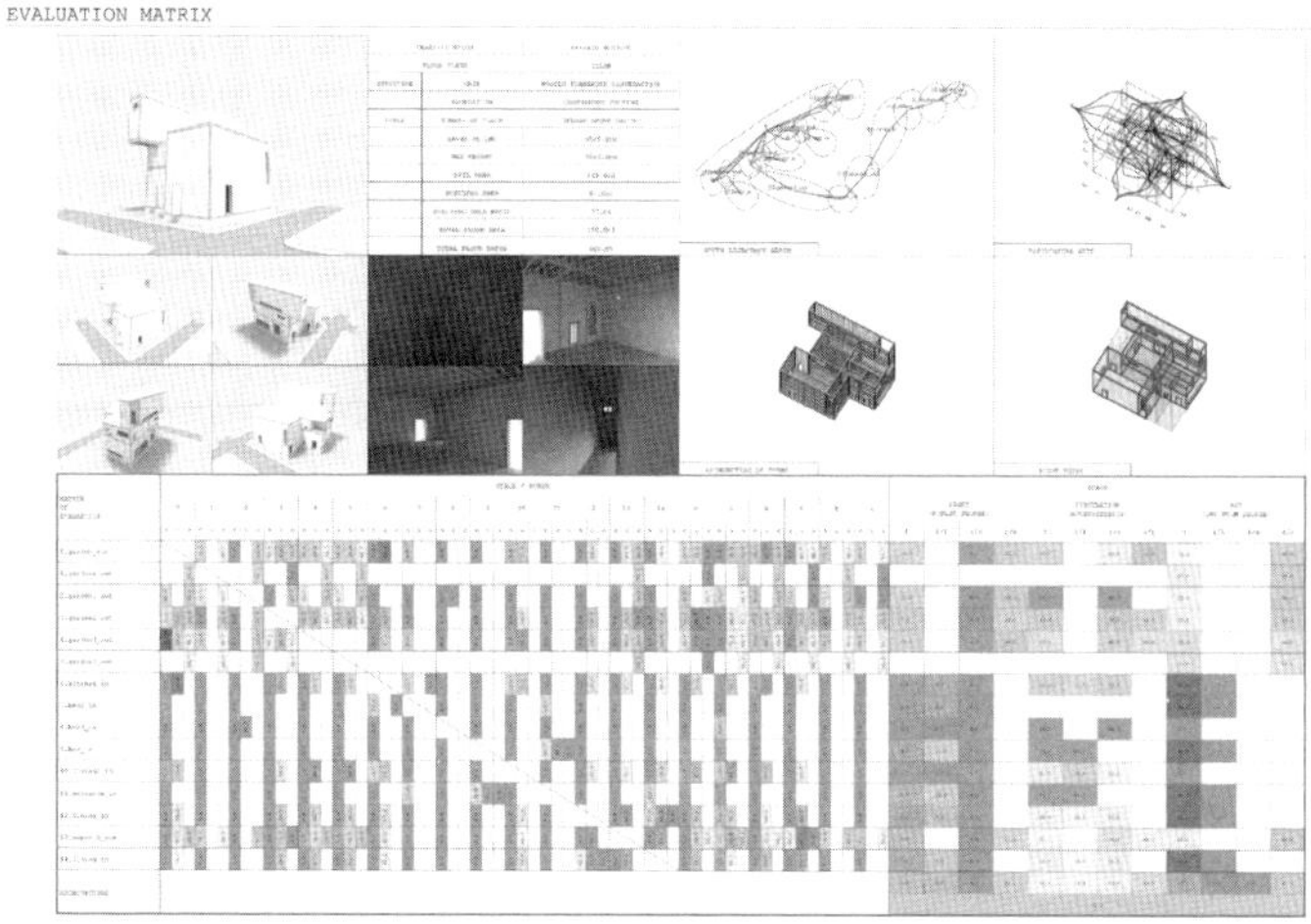

図2-3　予想外の間取り

起されます。小さい頃の川遊びが活きているのかも知れません。

「洞窟は建築か?」みたいな話を、よく学生たちとしています。洞窟は人工的につくったものではありませんので、一般的には建築ではないのですが、そのかたちを認知する主体がいて、「この形は雨がしのげそう」「中に入ると暖かそう」という機能を発見します。人間の「かち」と「かたち」がマッチングした瞬間に、洞窟は建築になると思うのです。「かたち」そのものは、人間がつくろうが、自然がつくろうが、コンピュータがつくろうが一緒で、そこにどういう「かち」を見出して、マッチングするかが建築だと思います。

「空間体験」の定量化

▼数学を建築に用いたときの効用のひとつは最適化であるという。住宅の空間を定量的に評価して、クライアントが望む住宅を育てるプロジェクトがその一例である。

有象無象の間取りをたくさん作って、環境にどの程度適応しているかを定量的に評価します。より適応しているものは生き残り、適応できないものは淘汰される。適応の過程で良いところは継承し、悪いところは改善するという、生物界でいう「進化」みたいなことを行います。このような手法は遺伝的アルゴリズムと呼ばれます。これを住宅に応用しています。周辺の自然環境や人間の社会環境の「かち」に適応する住宅の「かたち」を育てるのです。

▼ここで重要になるのが評価関数である。いったい、どのように作られているのだろうか。

ある二つの不動産物件があるとします。どちらも一〇〇平方メートルくらいの部屋で、駅からの所要時間も同じ。不動産情報に書かれている定量的な指標だけでは違いが数値化できません。このような物件をどのように数値化するかを考えるのです。

これを具体的にどうやって評価するかというと、

・視線が隣の部屋にどのくらい抜けているか

・動線が周辺の部屋とどのように繋がっているか（部屋が近いか遠いか）

・空気がどこからどのように漏れているか

この三つの指標を用意して、全部計算します。

計算のために、建物の中に観測場を用意して、それぞれの場所で、それぞれの項目を、〇から一の間で定量化します。すると、ヒートマップのように数値の大小が視覚化でき、いろいろな分析をすることが可能になります。

▼この評価関数の妥当性は、有名な建築物を参考に確かめた。

本当に正しいのか最初は分からなかったので、まずは安藤忠雄さんが作った有名な住宅『住吉の長屋』をサンプルに適応度を求めてみました。僕はこの建物自体には入ったことがないのですが、雑誌等で頻繁に取り上げられていることから建物の空間構成についてはよく知っていました。解析を行う前に、数値の予測をしておいたのですが、結果は予測とかなり近いことが分かりました。僕たちが普段感じている定量化できない空間体験を、この指標を使えば、ある程度再現できそうなところまで来ています。

この関数を使えば、先ほどの美容室の例において直交な空間よりもボロノイの空間のほうが空間体験が豊かであることが、数値化できると思います。

▼評価関数は、個人の好みによって変えることができるのが強みだ。

ひとつひとつの評価項目には重みをつけることができますので、たとえば、開放的な空間ではなく閉鎖的な住宅の方が良いと思えば、パラメータを調整することで適応度を高くすることができます。クライアントごとの価値観に合わせてパラメータを調整すれば、きっとそういう住宅がたくさん育っていくことでしょう。

野老朝雄氏との繋がり

▼東京二〇二〇オリンピック・パラリンピック大会エンブレムのデザインを担当した野老朝雄氏とは旧知の仲である。*1

野老さんはオリンピックでブレイクして有名になりましたが、僕との出会いは二〇〇四年とずいぶん前になります。その後、二〇〇六年に金沢で対談をする機会があって、対談の前に野老さんから、菱形タイリングをプログラミングできないかとillustratorのファイルが送られてきました。実はその頃から菱形タイリングをずっとやっておられたようです。しかし、当時の僕のスキルでは菱形タイリングを自動生成するプログラミングをすることができませんでした。

▼オリンピック・パラリンピック大会のエンブレムは30°、60°、90°の三種類の菱形のタイリングを活用してデザインされている。二〇一六年の春、オリンピックのエンブレムに野老朝雄氏の案が採用されたとき、衝撃が走った。

エンブレムが公表されたとき、これは絶対に菱形タイリングだと思い、当時いただいたillustratorのファイルを掘り起こしてきて、もう一回プログラミングに挑戦してみようと思いました。

▼そして完成させたのが「ランダム・エンブレム・ジェネレーター」である［図2-4］。このソフトの制作にも双

対の力が使われている。

菱形の配置だけを考えてプログラムを行うと。菱形にならない隙間が必ずできてしまいますが、ある日、菱形の平行な二辺をタイリングの端から端までたどっていくと一列の帯状につながっていることに気づきました。しかも交点の数を数えていくと、どこも十個ずつあるのです。これは何かあるに違いな

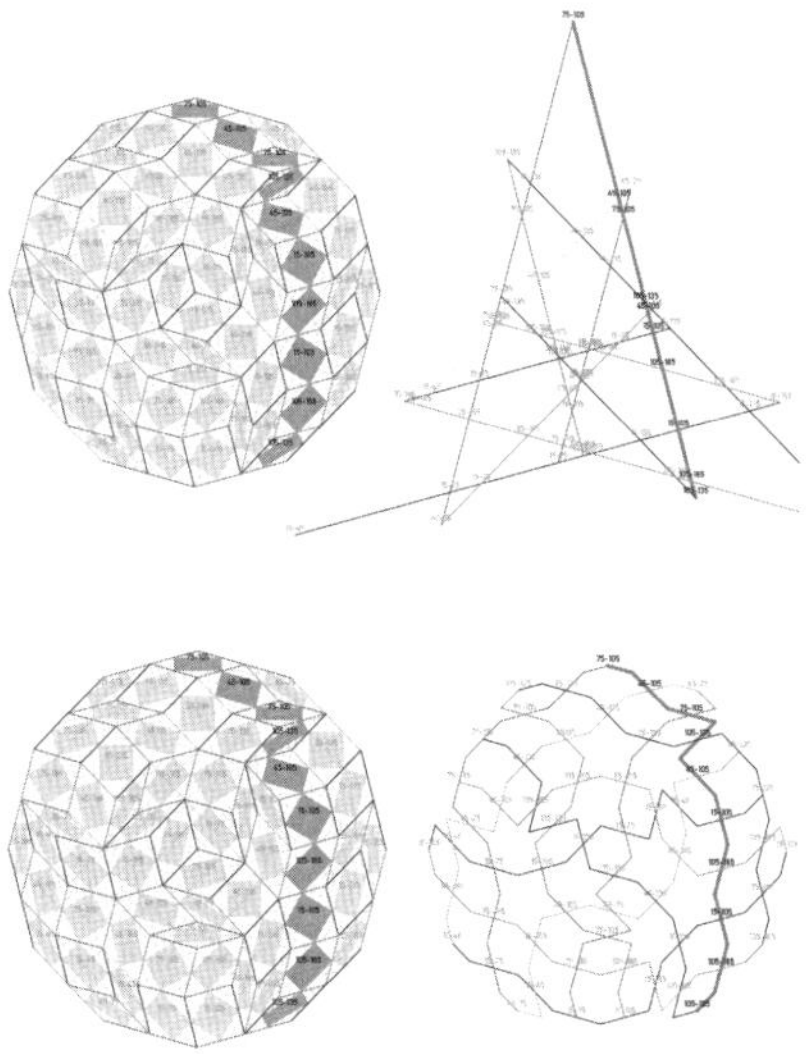

図2-4　ランダム・エンブレム・ジェネレーターを用いた双対図形の一例(上)と、双対の取り方(下)

＊1　第1巻第1章にて登場。

いと感じました。その後、帯線のトポロジーを崩さないまま直線に伸ばしてみようと思い立ちました。この星型のような図形の交点に沿って菱形を並べていくことで、隙間なく菱形をタイリングすることができたのです。美容室のときと同じような双対図形の完成です。これは大発見だと思ったのですが、オランダの数学者であるN. G. de Bruijnが一九八一年に同様の論文を出していることを後で知りました。[*2] 三十五年遅れでしたが同じ法則性に自力でたどり着けたのは非常に嬉しかったです。

この双対図形のパラメータを動かしていくだけで、エンブレムに使われている菱形だけではなくペンローズ・タイルなどさまざまな菱形のタイリングができるし、線形に動かせばモーフィングなどもできる。ある一方の体系では難しい操作が、双対に変換したときに操作が楽になっている。だから双対図形って美しいですよね。

▼基礎ができてしまうと、高次元への拡張は簡単である。

たとえば、球面への菱形の配置は双対図形を球面の衛星の軌跡とすることで実現可能です。軌跡の交わり方が変われば菱形の配置パターンが変わります。

この前、野老さんの展覧会のイベントである数学雑誌の表紙のグラフィックを担当されている方にお会いしました。数理的な手法を用いて制作しているそうです。その方にお聞きしたところ、僕は二次元や球面までしか拡張していないのですが、三次元にも拡張可能らしいのです。三次元になると線ではなく面と面の交わり方を変えると、三次元の菱形図形(平行六面体)の充填の仕方が変わっていくようです。もしかしたら四次元でもできるかもしれません。数学の「拡張可能性」はすごいですね。とてもパワフルです。

試行錯誤のすすめ

▼現在の数学に期待していることには二つある。一つは最適化における機械学習の活用である。

もし建築における「かたち」の可能性が制約のある離散的な変数で表現できて、その「かたち」の「かたち」の評価関数をつくることができるならば、建築のデザインを一種の最適化問題に帰着させるこ

*2　N. G. de Bruijn, "Algebraic theory of Penrose's non-periodic tilings of the plane II", *Indagationes Mathematicae*, 84(1), 1981, pp. 53-66.

とができます。「かたち」の可能性を平面上にプロットし、その「かたち」を標高に見立てると、建築のデザインとはより高い山を探索することに相当します。今までは遺伝的アルゴリズムや焼きなまし法などのヒューリスティックな手法が有力だったのですが、最近は、Deep Q Networkなどの強化学習を用いて、より賢く山登りできないかを試行錯誤しているところです。

▼もう一つは量子コンピュータの進歩である。

D-Waveのように最適化問題に特化した量子コンピュータを用いれば、無限の可能性がある「かたち」の候補を一気に解析して、適応したものだけをぎゅっと取り出すことができるかもしれない。これから数十年ぐらいのスパンでは機械学習と量子コンピュータの進歩がどうなるかとても楽しみですね。

▼読者には、ぜひ試行錯誤を大切にしてほしいという。

子どもの頃に山登りをしていた感覚と、現在行っているデザインの数理的な山登りは「試行錯誤」という言葉で繋がっています。生成をして、評価をして、良いところを継承して、悪いところを改善する、というサイクルは、人間でいえば「トライ・アンド・エラー」であって、生命のデザインも進化という自然の試行錯誤の歴史です。
人生も山登りと同じで、今の自分のいる位置から少しでも高いところへ登っていき、高かったらもっと前に進み、低かったら戻るということを繰り返していくわけです。僕の好きな『自己組織化と進化の論理』(ちくま学芸文庫)という本の中でスチュアート・カウフマンは、デザインを「高知への冒険」と言っていますが、これからも試行錯誤を通じてより高知へと冒険していきたいと思っています。

[二〇一八年一二月二一日談]

松川昌平

まつかわ・しょうへい

1974年、石川県生まれ。東京理科大学工学部建築学科卒業。建築家、慶應義塾大学環境情報学部准教授、000studio／ゼロスタジオ主宰。著書に『設計の設計』(共著、INAX出版)などがある。

3

とても似ている脚本と数学

徳尾浩司氏にきく（脚本家・演出家、劇団とくお組）

本章では、脚本家として活躍する徳尾浩司氏が登場する。徳尾氏は、慶應義塾大学理工学部数理科学科を卒業の後、劇団の主宰として活躍するかたわら、ヒット作となった『おっさんずラブ』（テレビ朝日）、『私の家政夫ナギサさん』（TBS、二〇二〇年）など、多数のドラマ・映画の脚本を手掛けている。数学と脚本にはどのような繋がりがあるのだろうか。ゆかりのある下北沢で伺った。

ミステリにハマった少年時代

▼子どもの頃は、図書館で本を読んで過ごしていたという徳尾氏。

シリーズものになっている本が好きで、江戸川乱歩のミステリを片っ端から読んだり、ムーミンシリーズや手塚治虫の作品集を読んでいました。家にモノが増えるのが嫌なので、本をあまり買わずに学校の図書室や市民図書館などを利用していました。

推理物の脚本を書くときは、ロジカルな考え方が大切なので、小さいころにミステリを読んでいた経験が少しは役に立っています。

▼中学生になると三谷幸喜氏の作品、そして脚本家という職業に出会う。

中学一年生の頃に、脚本家の三谷幸喜さんが三十一歳という若さで、夜九時台の連続ドラマの脚本を書いていました。織田裕二さんと石黒賢さんが出演していた『振り返れば奴がいる』（フジテレビ、一九九三年）という、病院を舞台にしたドラマです。当時、三谷さんの名前を知らずにドラマを見て、ドラマって面白いなあとその頃から思い始めました。以前にも山田太一さんなど、脚本家さんが表舞台に出てくることはなくはなかったと思うのですが、僕の思春期に三谷さんが登場して、脚本家という職業がよく分かる形で世に出てきました。

FAXで送られてくる数学の問題

▼数学との本格的な関わりは高校入学直後に訪れる。

実は、志望していた高校に入れなかったのです。挫折したまま高校三年間を過ごすのはヤバいなと思って、兄に数学を教えてほしいと頼み込みました。四歳年上の数学や物理が得意な兄は、京都大学の理学部に入学して一人暮らしをしていました。相談をしたところ、定期的に一問ずつ京都から自宅にＦＡＸで数学の問題が送られてくるようになりました。その問題を必死で解いて送り返すと、びっちり添削されて戻ってくるのです。

今振り返れば全然できていないし、ちょっと難しすぎて受験に役に立ったかどうか分からないのですが、数学ってこんなに奥が深いんだとか、一、二行の問題文なのに、なぜこんなに難しいのかとか、数学を味わっている時間が高校三年間でとても好きになりました。

▼兄の徳尾健司氏は、現在、大分工業高等専門学校で教鞭をとる数学者である。

机を向き合わせて教えてもらったわけではないですが、ＦＡＸで数学の面白さを教えてくれました。現在も、自分の研究を研究室でしながら、学生たちにも数学を教えているのだと思います。だから、実家に帰ってきても、ずっと論文を書いているか論文を読んでいますね。

演劇に目覚めた高校・大学時代

▼演劇に目覚めたのは同じ高校時代のことであった。

一年生のクラス担任の先生が、文化祭で毎年クラス全員の劇をやると決めていました。僕は志望ではない高校に入って、部活もやらずに腐っていたのですが、その先生に「お前、ちょっと劇の台本を書いてみないか」と思いつきで言われたのです。それを書いたら先生に「面白いね」と褒めてもらえました。

一回だけの舞台でしたが、演劇って面白いな、大学に行ってもやりたいなと思い始めたのです。

▼高校三年間はあっという間に過ぎ、大学受験の時期となった。

結局、高校三年間は数学しかやっておらず、ほかの教科は受験のレベルに到達していなかったので、受験科目に数学・物理・英語があるところしか受からないと思い、数学科のある大学を受験しました。

演劇と言えば、早稲田大学のイメージがあるので、教育学部や理工学部や社会科学部など、理系科目で受験できる早稲田大学の学部を見境なく受けましたが全部落ちました(笑)。その後、慶應義塾大学と東北大学の数学科に受かったのですが、東京で演劇をしたいと、お芝居のことばかり考えていて、慶應義塾大学に行くことにしました。

▼慶應義塾大学に入学後、演劇サークルに参加した徳尾氏。大学の数学の授業は真面目に出席していたという。

数学科は実験・実習がないので、ほかの理系の学生さんより楽だと思うのです。一年生のときは必修の実験はあったのですが、二年生以降は授業とテストだけでした。授業に真面目に出ていると、テストで失敗してもこれをやれば合格にしてもらえるということを先生がポツっと言ったりするのですが、僕はそれを聞き逃さないようにしていました(笑)。

お芝居をやっていると、文系・理系にかかわらず、留年して親に迷惑をかける人が多いのですが、僕は試験などは頑張って留年もしなかったので、学生時代の勉強はそれほど苦労していないと思います。

▼大学の数学で得意・不得意はあったのだろうか。

実は、全部不得意で、大学で学んだ数学は、現在はほとんど記憶にないのです(笑)。特に、幾何学の先生の授業は何を言っているか、本当に分からなかったです。ちゃんと勉強すれば、整数論などよりも幾何学の方が得意な気はするのですが…。

▼大学時代にお世話になった先生は、常微分方程式が専門の中野実氏だ。

この研究室は、僕みたいなはみだし者が多かったのです。学生の人数は五〜六人くらいでしたが、その中にボクサーがいて、ミュージシャンがいて、僕がいる(笑)。ボクサーの人もミュージシャンの人も学生時代からプロでした。ボクサーは試合前に「減量しないといけない」と言って来なくなってしまう。ミュージシャンはバンドのボーカリストでCDも出して、全国ツアーに出ている時期は研究室にほとんどいない(笑)。「それでもいいんじゃない」と言って許してくれる先生でした。

数学科出身を売りにした日本初の脚本家

▼大学卒業後の二〇〇三年、演劇サークルのメンバーを中心に劇団「とくお組」を旗揚げ。会社勤めをしながら劇団の活動を精力的に行う徳尾氏であったが、ドラマの制作や脚本に携わるようになるきっかけはスカウトであった。

演劇にお客さんとして観に来てくれたのが今の事務所のマネージャーなのです。タレントのマネージメントと同じように、脚本家にもマネージャーがいて、事務所が作家を何人もマネージメントしています。その方に、「試しに書いてみませんか」と言われたのです。

▼マネージャーは、徳尾氏を理系、それも数学科出身の脚本家として売り込んだのだという。

ミステリや数学など理系のものが得意ですよと売り込んでもらえました。新人の脚本家の場合、依頼する側も何か引っかかりがあったほうが一緒にやってみようと思ってもらえる。そのきっかけの一つが数学で、すごくいい武器だなと思いました。

▼一番最初に携わった連続ドラマが、多忙のため教授がいつも不在である研究室に所属する、姫(演・川村ゆきえ)、ショウ(演・青柳翔)、小山(演・本多力)、ゴリ(演・浜谷健司)の四人の少しズレた日常を描いた『御手洗ゼミの理系な日常』(TBSテレビ、二〇〇八年)である。

夜中の短いドラマで全八十話あるのですが、そのときはドラマのタイトルもコンセプトも決まっていて、監督と脚本家を探していたようです。僕は、「理系の場合は『ゼミ』と言わないので、『御手洗研究室』や『御手洗研』のほうがいいんじゃないですかね?」と提案した記憶があります。でも制作スタッフは全員文系で、「ゼミのほうが分かりやすいんじゃないか?」とか(笑)。

▼その後携わった連続ドラマ『ハードナッツ!～数学girlの恋する事件簿～』(NHK、二〇一三年)は、名門・東都大学の数学科に通う女子大生である難波くるみ(演・橋本愛)が、初音署の刑事である伴田竜彦(演・高良健吾)とともに、さまざまな難事件を数学を使って解決していくミステリである。このドラマに、当初は数学トリックのブレーンとして参加していたのだという。

ドラマの脚本家業界はすごく狭い世界で、欠員が出たときに入り込む感じなので、新人脚本家は常にタイミングをうかがっています。『ハードナッツ!』のときは、別の方が脚本家として呼ばれていて、僕は書く予定ではなかったのです。各回の数学トリックを考えるのが僕の仕事だったのですが、その中で、マネージャーから「途中の一話の脚本を書かせてくださいとプロデューサーに頼みなさい」と言われてびっくりしました。全然頼める雰囲気ではなかったのですが、「この話は自分でトリックも考えたし、ちょっと脚本を書きたいんですけど…」と無理を言って書かせてもらいました。

一話だけの脚本でしたがNHKの力は大きく、その後いろいろなところから呼ばれるようになりました。『ハードナッツ!』にブレーンとして参加しなかったら、その先はなかったと思います。

▼『ハードナッツ!』では数学監修を根上生也氏(横浜国立大学)が務めている。数学トリックを考えていた頃は大学へ通い詰めたという。

大学で学んだ数学自体も忘れているし、もちろん自信がありませんでした。数学監修の根上先生に

「こういうことをやりたい」とイメージを言うと、「そうだなあ…」と言って一緒に考えてくれます。先生はいろいろな番組の監修をされているから、ドラマでやりたいこともよく分かってくださるのです。数学的に間違っていないと言えるくらいのところまで付き合ってもらいました。

▼ドラマ業界は文系の世界。徳尾氏は制作スタッフと数学者の間に立って奮闘した。

世の中の人は大学を卒業すると、きれいさっぱり数学を忘れるではないですか。文系の作家さんもプロデューサーも、「数学的なトリック」とは何のことか、数学で何ができるのかも分からないと思います。一方で根上先生は数学の先生なので、脚本をゼロから考えることはできません。ちょうどその間に立つのが自分の役割でした。この経験はとても楽しかったですね。

▼『ハードナッツ！』のメインライターは、連続ドラマ『TRICK』（テレビ朝日、二〇〇〇年～二〇一四年）で知られる蒔田光治氏である。蒔田氏は脚本家の中でも特に理系的だという。

蒔田さんは京都大学の文系学部出身で理系ではないのですが、京大の文系出身者並に「数学ができる」ので、一般の文系の人と比べたら飛び抜けています。また話していても論理的なことが通じる、凄く面白い人ですね。『ハードナッツ！』のときもそうでしたが、数年後に、蒔田さんや同じ制作スタッフチームでやったミステリドラマ『スリル！～赤の章・黒の章～』（NHK、二〇一七年）に呼んでもらったときは、一緒にトリックを考えました。例えば死亡推定時刻のトリックで、「体温が下がっていくグラフがこうで、グラフがずれるということは…」と、僕と蒔田さんが理系的な話をしている間、ほかのスタッフたちはポカーンとしているのです（笑）。

連続ドラマの伏線は後付けで張る

▼連続ドラマ『おっさんずラブ』（テレビ朝日、二〇一八年）は、不動産会社に勤める「三十三歳のモテないおっさん」である主人公・春田創一（演・田中圭）にモテ期が訪れる。ところが告白されたのは、会社の上司・黒澤武蔵（演・吉田鋼太郎）と後輩でルームメイト・牧凌太（演・林遣都）の男二人…。窮地に立たされた主人公は、迫る男たちを全力で拒みながらも、次第に男たちの存在が頭から離れなくなっていく、というラブコメディである。ウェブ上でも話題になった本作全話の脚本を徳尾氏が手掛けている。このドラマに関わるきっかけは、大学時代の演劇サークルの後輩の女性だという。

劇団をやっていた頃に手伝いにきてくれていた女の子が、後にテレビ朝日のプロデューサーになっていたのです。その子に「ドラマを企画したので脚本を書いてくれませんか？」と声をかけてもらいました。企画書が三枚あって、その中に『おっさんずラブ』もありました。「どれをやります？」と言われ、『おっさんずラブ』は話題になるとピンと来たのです。

同性愛やジェンダーの問題を掘り下げるドラマはとても繊細だから、自分が書いていいものか迷いがあったのですが、企画書を読むと「ＬＧＢＴの話」というより「ちゃんと真っすぐ恋愛をしよう」というものだったので、これだったら自分にできることがあるかもと思いました。[*1]

僕はボーイズラブ・マンガは読んだことがないのですが、少年マンガや少女マンガは中高生のときによく読んでいました。このドラマの設定は、まさに少女マンガの世界そのものでした。マンガの実写化は出演者の芝居がうまくないと成立しないと思うのですが、少女マンガっぽいことをおじさんたちが演じる。ただの「コメディ」という感じではなく真剣にやってもらっているので、そのバランスが良かったと思います。

▼このドラマの凄さの一つに、伏線を張れる限り張って、それをすべてきれいに回収していくことがある。

ドラマを観る人は第一話から観るので、伏線が回収されると「ここ伏線だったのか、凄い」と言ってくれるのですが、脚本を書く過程を見ると全然凄くないんですよね。脚本は、ドラマ収録のずいぶん前に作っていて、例えば五話目を書いていても第一話の収録を行っていなかったりします。ミステリの脚本もそうなのですが、「最初の五分でこれを見せておく方が良い」とか「これを道に落としておいたほうが良い」という伏線は後で決められるのです。ある意味マジックと同じなんですよ。

▼『おっさんずラブ』は特にウェブ上で大反響を呼んだが、視聴者の反響というのは直接には脚本家へ届かないものだという。

ドラマがヒットしたかどうかの判断基準は、今も昔も視聴率が大きくて、例えば『半沢直樹』(TBSテレビ、二〇一三年)は四〇％、『逃げるは恥だが役に立つ』(TBSテレビ、二〇一六年)は二〇％で、誰の目から見ても大ヒットは納得だと思うのですが、『おっさんずラブ』は視聴率でいうと四～五％です。周りが言ってくださるほどには、制作した側は「ヒットしてないんだよなぁ」と思っています(笑)。業界内

＊1　二〇一六年に同様のタイトル・内容で一時間の単発ドラマとして企画・放映され、好評につき二〇一八年に連続ドラマとなった。その後、映画化もされている。

で褒めていただいているという認識はありますが、何をもってヒットなのかというと、分からないところがあります。

また脚本家は、原稿を書いて台本が送られてきた時点で、もう仕事は終わりなのです。ヒットしてもしなくても、その後のメディアでの展開にあまり関係がありません。だから、今回のようにお声掛けをいただくのは純粋にうれしいです。

脚本を書くことは数学の証明を書くことに似ている

▼ドラマの脚本を書くときには、数学的な思考力がとても役に立つという。

テレビドラマは解釈が一つしか存在してはいけないと思っています。一つのドラマを一〇〇万人が観ても、感想はできるだけ同じでなければならない。いろいろな考え方ができるのは、ドラマとしては失敗なのです。これが舞台作品や芸術作品だと、解釈の多様性が面白さに繋がりますが、テレビドラマではそれではいけない。

数学は「人によっていろいろな考え方がありますね」ということにはならないではないですか。答えは一つしかない。テレビドラマも解釈は一つしかないので、打ち合わせで「これはどういうつもりで書いているの?」と聞かれたらちゃんと言えないとだめです。こういうところは数学をやっている人にとっては性に合っているのです。

ドラマはプロデューサーをはじめ、少ない人数で台本を作る作業を行っていますが、その過程で物語に紛れて論理が分からなくなっていきます。数学で培われる「論理的な正しさが分かる」ことは大事なことだと思います。

▼「脚本」を書くことは「数学の証明」を書くこととよく似ているという。

数学の証明を書くことは、頭の中ではできている論証を文章に上手く落とす作業、脚本を書くことは、頭に浮かぶビデオ映像を台本に写像する作業です。数学と脚本は凄く近い世界なのだろうなと思います。これは、ほかの脚本家の人にもぜひ分かってほしいところです。

この仕事はまた、家の設計図を書くことにも似ているとよく言われます。脚本という設計図は映像としてちゃんと成り立たないとだめで、かつ、デザインも良く機能的でなければいけません。一方で、アイデアや作家性も求められるので、そのバランスがとても重要です。

まるで技術書を書いているような気分ですし、職人的なところに誇りを持っている人が多いと思うので、理系にはすごく合う仕事だと思います。数学科出身なんて、なおのこといいですよ。どんどん目指してほしい職業です。

▼その一方で、「論理」だけが書かれた物語ではつまらない。

すべてを論理的に「神様の目線」で眺めるように書くことはできますが、物語として成立していても、人々をドキドキさせるようなものになりません。そのため実際には、「登場人物の目線」で主観的・感情的にも書いていく必要があります。人間は「感情」と、感情とは関係ない「論理」の部分が混在しているから面白いのです。

僕は若い頃、感情の表現が苦手で、「ドキドキしない」「キャラクターがハネていない」とよく言われていました。その後反省して、物語の論理的な設計が出来上がった後、登場人物の感情がどうなっていくかを検討するという、二つのフェーズで考えるようになりました。

その一方で、作家さんによっては「物語は支離滅裂だけどとても面白い」という感情だけの人も存在します。このバランス感覚が難しく、ここがプロとアマチュアの分水嶺だと思います。

数学ができる人はカッコイイ

▼数学に対するイメージは今も昔も「カッコイイ」のだという。

学生時代から今まで「数学ができるとカッコいい」という思いがずっとあります。『数学セミナー』でも読みながらもう少し数学を勉強したいな…。

喫茶店に行くと、受験生らしき人が「紙コップが転がったときに、通過した領域の体積はいくらで…」などと話しているのを見かけると、「あっ、賢いな、この人」と思うのです(笑)。今でも僕は、トイレットペーパーを見て「こっちの方向に積分したらこうで、円の中心に積分していったらこう」など、計算はしませんがいろいろ考えてしまいます。

人の言うことに流されず「本当にそれが正しいのか」とか、「ちょっと違う視点で物事を見る」というのも数学に学んだことです。問題は解けないですが、数学書は脚本家を引退したら読みたい。好きですよ、ずっと。

▼数学好きの読者の皆さんには、数学の有用性を知って他分野でも活躍してほしいという。

僕は数学とはまったく畑が違うと言われる職業に就いていますが、「役に立つ・立たない」で言えば間違いなく役に立っています。だから、特に大学生の皆さんはいろいろんな職業に羽ばたいていってほしいです。数学科といえば就職先がある程度決まっているイメージがありますが、逆にまったく関係ない分野に飛び込んでいったほうが、その世界の人たちを豊かで幸せにできる気がします。ぜひ、いろいろな分野で活躍してほしいと思います。

［二〇一八年七月三〇日談］

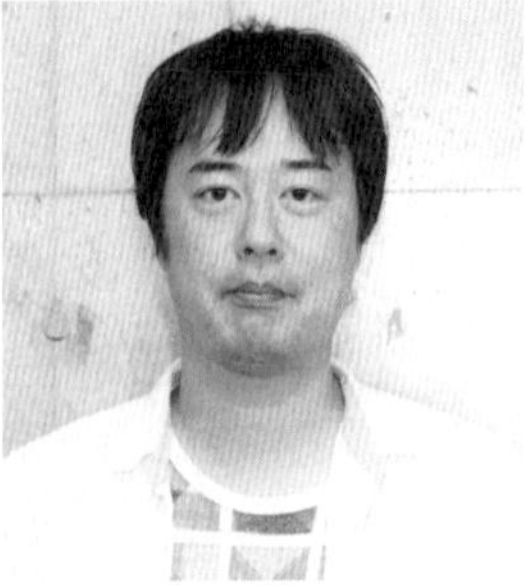

徳尾浩司

とくお・こうじ

1979年生まれ、大阪府出身。慶應義塾大学理工学部数理科学科卒業。脚本家・演出家、劇団とくお組主宰。脚本の近作に『unknown』、『六本木クラス』(いずれもテレビ朝日)、映画『CUBE 一度入ったら、最後』(松竹)などがある。

4

サッカーは人生経験がすべて活かされるスポーツ

岩政大樹氏にきく（サッカー選手・指導者、東京ユナイテッドFC（当時））

本章では、サッカー選手・指導者として活躍する岩政大樹氏話を伺う。岩政氏は、東京学芸大学教育学部数学専修を卒業の後、鹿島アントラーズなど数々のフットボール・クラブ（FC）で活躍し、ワールドカップ日本代表にも選出。インタビューを行った二〇一八年当時は、関東サッカーリーグ一部である「東京ユナイテッドFC」にて選手兼コーチを務めていた。その後も指導者として活躍を続け、現在は鹿島アントラーズの監督として陣頭指揮にあたっている。そんな岩政氏に、自身の生い立ちや数学とサッカーの繋がりなどを伺った。[*1]

＊1　登場する肩書などは、インタビュー当時のものであることをご了承ください。

子供の頃は時計で足し算を覚えた

▼岩政氏は両親ともに教員の家庭で育っている。

算数はほかの科目よりも好きでした。親から聞いた話なのですが、幼い頃に「○足す○はいくつ？」と訊かれたら、僕は必ず時計をパッと見てくるくる回すイメージで計算していたのです。時計は数字が12までしかないのですが、それを超えたらその次は13にして計算をしていました。小学校では、時計は教室の前に置いてあったのですが、授業のとき集中させるためにある時期から後ろへ持って行かれてしまい、たびたび後ろを見なければいけなくなった、みたいなことがよくありました(笑)。今ではさすがに使わなくなりましたが、小学校の高学年頃までは、時計で計算していましたね。

▼子どもの頃にサッカーを始めたときの記憶は曖昧だ。

ボールを蹴り始めたときの記憶は全然ありません。今のように、サッカーファンが世に溢れている時代ではありませんでしたし、サッカーチームも地元から少し離れたところに所属したりもしました。本気でサッカーをやり出したのは、小学校四、五年生あたりでしょうか。

▼ごく普通のサッカー少年であった岩政氏が、頭角を現したのは大学へ入学してからの話である。東京学芸大学の数学科へ進学した理由は、大学でサッカーをやりつつ、ゆくゆくは教員になるためであった。

もともと教員を志望していたので教育学部に入ることは決めていました。僕は山口県出身なので、当時地元に近い広島大学の教育学部に入る夢を描いていましたが、高校三年生の最後に足を怪我して以降は徐々に関東へ行きたいという気持ちに変わってきました。そのときに、広島大学と偏差値が同じくらいで、当時サッカー部が関東大学サッカーリーグの一部にあった東京学芸大学の存在を知って、志望校を変えたのです。

▼数学を専攻したのは数学が得意という理由だけではない。

現在では事情が違うと思いますが、僕が大学を卒業する頃は、団塊の世代が退職を迎える直前というころでした。以前より、山口県では体育教師の採用はゼロという状況が続いていましたので、僕がいくら体育教師になりたいと言っても、枠がありませんからなりようがありませんよね。当時、父親が教育委員会にいましたので採用の数などもよく知っていました。体育がダメでも数学はまだ枠がありました。たとえ本採用にならなかったとしても、数学の教員免許を持っていれば塾の講師などで食いつなぐという生き方ができますが、体育科を出てしまうとそれが難しいという現実的な理由もあります。よって、いちばん得意だった数学科にしたということです。

大学数学には「コツ」がない

▼東京学芸大学に進学した岩政氏であるが、高校と大学の数学でどのような違いを感じていたのだろうか。

高校までは学ぶべきカリキュラムがきっちり決まっていて、そこまでの行き方は自分で創意工夫ができたのですが、大学数学には「コツ」がないのです。これはきつかったですね。

▼高校時代の工夫についてこのように語る。

公式なんて全部は覚えません。重要なものをまとめて一つにして覚えて、テストが始まったらそれを紙に書いて、そこから派生させてほかのことを書いていく、という形でやっていました。英語や歴史などと違って、数学はこのような工夫がいちばんやりやすかったのです。

▼受験勉強も創意工夫で乗り越えた。

センター試験は基本的な事柄だけですからあまり苦労はしなかったのですが、二次試験では証明問題が入ってくるなど少し難解になります。優秀な人であるならすらすら解けるのでしょうが僕は苦労しました。そこで、志望校を東京学芸大学に絞ってからは、その入試に出てくる証明問題を解けるようになるコツを分析し始めました。そして、そのコツに気づいてしまったのです。

二次試験は一〇〇点満点を取る必要はないのですが、最低限の点数を取るためには何か証明を書かなければならない。そこで、高校で習う「数学的帰納法」などいくつかの証明法に優先順位をつけて、試験の本番ではその順番で試していけば良いと思ったのです。東大・京大レベルは別にして、学芸大レベルの問題ですと、それで半数は解けてしまいます。最後の一問くらいはひねった問題があるのですが、それは解けなくても良い。そう気づいてしまってからは、試験前にプレイステーションとかやっていました(笑)。

▼大学数学は、このような工夫が通用しなかった。

そもそも「数学とは何ぞや」「世の中は何ぞや」といった授業が多く、そこは僕は得意ではありませんでした。大学に入ってからは、工夫の仕方が全然思い浮かばなかったです。

当時のサッカー部は数学科に在籍する人が居ませんでしたので、ノートを借りることもできませんでしたし、自分ですべて解決しなければいけない環境でした。書店へ行っていろいろな本を買って読み漁るなど、テストで合格するために必死で勉強していました。高校の数学をもう一回勉強し直したりもしましたね。

▼今思い返すと、数学科に来るような人たちと差があったという。

いろいろな工夫をすること自体は、自分で考えることにつながっているので、いいことだと思うのですが、数学を学ぶことに関してはある意味楽をしてきてしまったので、それによって劣ったものがあったなと感じていました。

▼大学時代の数学にまつわるエピソードとしては、数学の教員として教育実習へ行ったときが印象的だったという。

僕は常日頃から自分で創意工夫をしていたため、授業自体もコツを教えてしまうのです。「今日の授業で覚えるのはこれだけだぞ、今から一時間やるけれど、これしか覚える必要はないから」と言って授業を始め

るのです。そうすると、子どもたちからは「こんな分かりやすい授業は初めてです」と言われるのですが、担当の先生からは「数学の本質はそれではない」と、お叱りを受けました。当時、数学の本質が好きで数学を教えていたわけではなくて、コツをつかみながら工夫して勉強できるのが数学という教科だ、という感じでしたので、その部分では足りないものがかなりあったと思っています。数学の裏側まで全部理解して生徒たちに接するというところまでは至れなかったのです。

▼教員志望で大学へ入学したはずなのに、数学の教員には向いていないと悟ったのはこのときであった。

僕はどちらかというと塾講師みたいな考え方なのでしょうね。ただ、人に教えて理解してもらうというのは楽しかったです。実習先は学芸大学附属高校なので、数学が得意な子は僕よりも頭がいい。「先生よりも頭いいから、オレ」という子がたくさんいたので、「はい、はい」と言いながらやり過ごすのですが、逆に数学があまりうまく行っていない子も何人かいて、その子たちが喜んでくれると嬉しかったです。

▼実は、大学時代に勉強していた数学自体についての記憶がほとんどないという。

僕は記憶力がないので、勉強した内容がどんどん抜けて行ってしまうのです。教室や授業のなんとなくのイメージもあるし、書店へ行って自分に合う数学の本はどれかとたくさん買った記憶もあります。四年生では卒論のない、毎週交代で授業を行うようなゼミに入ったので、数学の何かを研究するという感じではありませんでした。このような漠然としたものしか覚えていません。

とにかく、三、四年生のときに時間を作ろうと思い、一、二年生のあいだは必死になって勉強し、卒業までのほとんどの単位を取りました。

▼大学時代の恩師は、微分方程式の解の爆発の研究で知られる溝口紀子氏である。

溝口先生はサッカーがすごくお好きだったのです。一年生のときから先生の授業があり、僕が全日本大学選抜やU-22日本代表へ入り始めた頃のことも、よく知ってくださっていました。そこからずっと、困ったらご相談しに行っていましたし、ゼミも溝口先生のところへ所属しました。海外遠征へ頻繁に行っていたため、ゼミや授業を休まなければいけないことがたびたびあったのですが、欠席した授業の内容を教えてくださったり、僕が質問に行ったら教えてくださったりして、それでなんとか卒業できたところもあります。すごくお世話になりました。

サッカーにおける理系的センスの使い方

▼大学時代の活躍により注目が集まり、卒業後、複数の入団オファーの中から鹿島アントラーズを選んだ岩政氏。入団直後はずっとベンチを温め続けたという。

僕の場合、それまでずっとセンターバックで活躍された秋田豊さんが退団され、その後釜と期待されていたのですが、開幕の時点で力が足りないということでサブに回されて、そこから半年間ベンチに座ることになります。僕はもともとサッカー選手になれると思っておらず、周りは有名中学、有名高校という王道を歩んできた選手ばかりの鹿島アントラーズの中で、どうしても気後れしてしまい、自分のプレーを出せない状況で過ごしていました。

▼例えば、パスの出し方一つにしてもそうである。

僕はここで右にパスを出したいと思ったけれど、実績のある素晴らしい選手たちが左に出せと言うのです。プロに入って一年目の下っ端で、さまざまな意見が飛び交うなかで自分を押し通すことができるかというと、すごく難しいのです。また、周りの理解を得られないと、自分のプレーが周りとの良い相乗効果を生み出すことができません。バランス感覚はとても大切なのです。

▼有名選手ばかりの鹿島アントラーズの中で、どのように自分の殻を破ったのだろうか。

バランスの置き方を、学生の頃に培った自分のリズムみたいなものをベースにして、ほかの人の意見を追加で聞くというスタイルに変えたのです。これによって、周りから自信を持ってプレーしているように見えるようになったのか、監督の見方も変わって、ほかの選手の見方も変わりました。すると、僕が左と言われても右に出していたパスが、「右でもいいよ」というかたちになってきます。それで結果を出せばよいのです。

プロサッカー選手というのは一つのクラブに終身所属するのではなく、一人で世界を渡り歩いていく必要がありますので、ほかの人を気にしても仕方がありません。逆に、ほかの人も指示を必ず守れというつもりで言っているわけではありませんので、プロとして監督・選手の意見はもちろん聞きますが、それによって自分の軸がぶれてはいけないと気づきました。まず自分のやれることをしっかりとやっていくことにシフトしてからは、周りの見え方も変わって、自分のプレーもどんどん変わっていきました。プロに入った選手は全員、チームの中で自分の立場を探りながら確立していく作業を行うのです。誰もが通る道ですね。

▼サッカーを行う際に数学は何か役に立ったのだろうか。

僕なりの分析としては、数学でいうところの論理的思考力です。たとえば守備で失点した場合、どこまでの「絵」を頭のなかに描いて改善すべき点とするのか、見え方は人それぞれです。野球のように、ピッチャーが投げてバッターが打つという局面だけではないのです。

▼この例を、岩政氏のポジションであるセンターバックを舞台に述べる。

最後の局面で僕がマークを外されて失点した。それも一つの見え方ですが、その前にパスを出した人に対してどういう守備のかけ方をしていたのか。それによって、僕がどのようなポジションを取っていなかったからやられてしまったのか。もっと前のポジションはどうだったのか、その前の流れはどうだったのか…。このように、どんどん遡って考えることができますが、これは論理的思考力の賜物ですよね。

普通の選手は各局面のことは覚えていて反省するのですが、それらの繋がりを意識したりその大元は何なのかまで掘り下げていくことはあまり行っていない、ということにあるとき気づいたのです。実際話してみると「そこまで考えていない」という選手がとても多かったです。僕のなかでは日常だったのですが、それがほかの人と違うのであれば、考え方の根本が違うのだと思います。当然、数学が関与した部分は大きいでしょうね。

▼プロサッカー選手で、数学科出身の選手はまずいない。ましてや、大学を卒業している選手も少ないという。

下位リーグまで探せばいるのかもしれませんが、少なくともJ1や日本代表クラスにはいないのではないでしょうか。高校まで優秀だった方はたくさんいると思いますが、大学へ行かずにそのままプロになった選手が大半です。ただ、鹿島アントラーズ時代に後輩だった内田篤人など、勉強すればいい大学に入れた人もいるでしょう。だから、僕自身がそれほど珍しい存在だとは思っていません。

▼その一方、現在活躍しているサッカー選手の中で理系のセンスが秀でている人は何人かいるという。

たくさん、とは言えませんが日本代表クラスになれば、論理的思考に伴いプレーできている選手ばかりです。サッカー自体、こうなったらこうなるという論理的な計算を瞬時に行い、情報を常に書き換えながらプレーしないといけないスポーツですから、理系的な頭の使い方はしているはずです。ただ、それを自覚して言葉にできるかは別の話で、自分がたどっている思考回路や試合中のプレーをアウトプットすることはなかなか難しいようです。

▼インタビューを行った二〇一八年当時は、東京ユナイテッドFCに入団し、選手の傍らコーチとしての活動もされていた岩政氏。選手とコーチでは考えるべきことがまったく変わるのだという。

選手同士であれば、直接話してその人に向けた伝え方をすればよいのですが、指導者として僕が話したことは、各選手の心理や考え方のフィルターを通して全員へ同時に伝わるわけです。すると、言葉の選び方をもっと深く考えなければいけません。これは会話だけではなくて、練習メニューなどもそうです。これらがどういうふうに彼らに映って、彼らのプレーに反映されるかを想像する必要があります。

[写真提供:東京ユナイテッドFC、撮影:T.Matsumoto]

これはまったく別の作業です。

スポーツにおける統計データの利用とサッカーの特殊性

▼野球やバレーボールなどプロスポーツの現場では、試合の各種のデータを取得し統計的にデータ分析されることが多くなった。サッカーも例外ではないという。

僕が現在所属しているチームは予算的なことを含めて手が出せる状態ではありませんが、J1などのプロチームでは増えています。ただ現在のところ、このデータの良いチームの勝率が上がる、という要素は見つかっていません。そのため、統計データをどう活かすかまでは結びついていない状況です。今はデータを集めながら、いろいろな角度からとらえ直す段階といったところです。

▼どのような統計データが使われているのだろうか。

たとえば「ボール支配率」や「パス成功率」などはよく使われていて、最近は「走行距離」なども計測されています。これらによって、チームの大まかなスタイルや個性を描くことはできますが、データだけで勝率を上げることはできません。勝つためにどのデータを利用するかは、そのチームの指導者の考え方によって変わり、チームの軸をどこに置くかによって個別に考えるしかありません。

▼このような状況にあるのは、サッカー特有の要素が大きいのではないかと語る。

実はサッカーの場合は、すべてのデータが悪くても一発のゴールで勝つという現象が起きてしまいます。試合終了後に「このデータがよかったからこの場面はよかった」という言い方はできると思いますが、一試合全体がどうだったかを語る場合、チーム間の空気や、試合の流れ、精神状態を感じ取り、そこまでセットにしないと本質が見えなくなる。純粋なデータだけで語れるものは、ほぼないのです。

サッカーの場合、試合中は時間が止まらずに流れていきますので、どういう精神状態でプレーしているかがとても影響するスポーツです。野球やバレーボールのように試合中に時間が止まってくれれば、その間に精神状態をリセットできるのですが、サッカーの場合にはそうではありません。データを通して勝率を上げる方法が現時点ではない、というのが他のスポーツと違うサッカーの面白さです。

岩政氏が見た今の日本代表

▼岩政氏へのインタビューは二〇一八年四月一〇日、サッカー日本代表のヴァヒド・ハリルホジッチ監督が電撃解任された翌日に行われた。ワールドカップロシア大会の本番まで二か月弱という時期での監督交代は、サッカーファンに衝撃をもって受け止められたに違いない。このような状況の中、岩政氏は今の日本代表について数理的な視点でどのように見ているのだろうか。

サッカーにおいては、良い試合をしたときに「いい距離感でした」と選手たちが表現することがあるのですが、今のチームは、良い距離感ではありません。「距離感が遠い」ときは、基本的に相手までのパスの距離が長くなりますし、一人ひとりの持ち場が広くなりますので、個々人の身体的能力や技術的

能力がより影響を及ぼす戦い方になります。これは現状では、日本にとって世界に対して分の悪い戦い方になっています。

▼選手たちの距離は縦方向よりも横方向が重要である。

サッカーの試合は真上ではなく横から映像を撮るので、テレビの視聴者はチームの縦の距離はコンパクトだとかゆったりだとか実感できるのですが、実は横の距離感がすごく重要なのです。選手たちの横の距離が開いている状況においては、どうしてもつながりが生まれにくくなります。距離感を遠くに取って攻めるチーム・戦術はたくさんあるのですが、今の日本代表とは合っていないというのが現時点の評価です。

▼この距離感は具体的に数値化でき、チームの状態を調べる指標にもできるという。

この「距離」を一つの指標にして、「今日の試合は距離感が遠かったね、もっと距離感を意識しましょう」という言い方をするプロチームもあります。チームや戦術によっては横ではなく縦の距離を指標に取った方がよい場合もあるでしょう。

▼統計データを活かすも殺すも指導者次第。今後のサッカー指導者は、ベストなデータをベストなタイミングで論理的な裏付けをもって与えていくことがますます重要になるという。

数学科出身の僕が珍しいのか、データサイエンスのいろいろな方からお声がけいただき、情報交換をさせてもらっています。データ自体はたくさんあるほどよいのですが、そこから何を選択して選手たちに与えるかが重要で、この選び方が難しいのです。選手たちは数字が入ってくると、そちらへ頭が行ってしまいます。たとえば、距離感ばかり言っていると、距離感を保つことが目的になってしまい判断がぶれてしまうこともあります。サッカーは勝つことが目的ですし、最終的に距離感がよくなればいいだけの話なのです。

昔はデータが取れませんでしたから、指導者は感覚でものを言えばよかったのですが、今はデータを欲しがる選手たちも増えています。指導者が若い人に「お前、走ってないぞ」と感覚的に言っても、「いや、走行距離出てますよ」と言われたら説明できないといけません。「こういう場面で走っていないから走行距離が出ていても意味がない」と論理的に説明できないと若い子たちは走らないのです。上に立つ人にも論理的な考え方が必要となる時代になったということですね。

「数学と何かが繋がる」が当たり前になって欲しい

▼数学好きの読者へ伝えたいことは、著書『PITCH LEVEL』にその想いを託しているという。

ぜひ読んでいただきたいのですが、その中の一章で、数学とサッカーを両立してきたという話を書きました。僕たちはいろいろな物事を切り離して考えがちですが、僕の人生のなかでは全部繋がっています。数学があったから今の自分がありますし、サッカーがあったから今の自分があります。今の自分に新たな学びを加えてまた次に活かしていく。その繰り返しが人生です。

僕は、数学とサッカー、数学と今日起こった出来事を結びつけて考えることを日々行っています。さまざまな出来事を数学を通して考えることで、次に繋がるヒントが見つけられることがよくあるのです。数学はいろいろなところに結びつく力がある、というのは数学の魅力の一つでもあると思います。これは、むしろ当たり前になって欲しいのです。「数学が何の役に立つか」と疑問に持たれる方も多いのですが、数学を分かっていると何事にも繋がる。それを、いろいろな分野の方が理解してくださるとよいですし、数学好きな方はぜひアピールしてくださるとよいですね。

［二〇一八年四月一〇日談］

PITCH LEVEL
例えば攻撃がうまくいかないとき
改善する方法

著／岩政大樹
発行所／KKベストセラーズ
発行日／2017年9月19日
判型／四六判
ページ数／288ページ
定価／1485円（本体1350円）

岩政大樹

いわまさ・だいき

1982年生まれ、山口県出身。周東FC、大島JSC、岩国高校サッカー部にてプレー。東京学芸大学教育学部数学専修在学中に頭角を現し、2004年鹿島アントラーズに入団。2007〜2009年の鹿島アントラーズJリーグ3連覇に貢献(Jリーグベストイレブンにも3年連続選出)。2010FIFAワールドカップ日本代表に選出。2013年に鹿島アントラーズを退団の後、BECテロ・サーサナFC(タイプレミアリーグ)、ファジアーノ岡山を経て、2017年に東京ユナイテッドFCに選手兼コーチとして加入。また同年、東京大学ア式蹴球部コーチに就任。2018年に現役引退。上武大学サッカー部監督、鹿島アントラーズコーチを経て、2022年8月より鹿島アントラーズ監督。現役時代のポジションはセンターバック。

5

書店から数学を盛り上げたい

布川路子氏にきく（書店員、書泉グランデ）

本章では、東京は神田神保町にある書店「書泉グランデ」の書店員、布川路子氏にご登場いただく。数学書の棚を担当する布川氏の熱心な棚作りで、書泉グランデの数学書コーナーは多くの数学ファンに愛されている。数学書を売る工夫や面白さについて、お話を伺った。

数学者とつながる書店

▼布川氏は現在に至るまで、幅広いジャンルの棚を担当してきた。

書泉は、入社三年目までは担当する棚を半年ごとに替えるシステムだったので、文庫、電気やコンピュータ書、健康書、将棋など、いろいろな棚を担当しました。その後、別の支店へ移ってからも、コミ

ックを何年かやったり、スポーツの棚でサッカーの担当をしたり。日本のワールドカップのときは、ベッカムの本をがんがん売ったりしていました。

その後、このグランデに異動になり、建築・土木の棚を担当しました。数学書も同じフロアにあったのですが、別のものが担当していたので、詳しくは分からず遠巻きに見ている感じでした。

▼数学の棚を担当することになったのは偶然であった。

あるとき、支店の鉄道書担当が急に辞めることになり、数学書の担当だったものがそちらを受け持てという辞令が出て、数学書担当がいきなりいなくなってしまった。「どうしよう」という話になり、私に担当が回ってきました。おそらく、建築・土木がそんなに忙しいジャンルではなかったからだろうと思います。

▼数学のことはほとんど知らなかった布川氏、突然の担当にはもちろん苦労もあった。

算数からつまずいてきた人間なので、数学にいい思

い出はありません。数学とか算数とかいう以前に、数字が苦手なのです。素数の良さはオーラで感じますが（笑）。母親には「なんであなたが数学書担当なの？」と言われました。

担当することになった直後に震災（東日本大震災）があって、棚から本が全部落ちてしまいました。担当になったばかりで、何も分からず全然棚に戻せない。前の数学書担当に来てもらって、棚入れを手伝ってもらった記憶があります。

今も、知らない単語が入ったタイトルの本が来ると、棚のどこに入れたらよいのか悩みます。これは数学書に限らず「書店員あるある」だと思いますが。ちゃんと見ている人に「こんなところにこんな本を入れている」と笑われるのは困る。しかも、間違っていることを教えてくれる人はおそらくいない。なんとか自分で判断するために、この著者の先生はこういう分野が専門だから、おそらくその分野のことを書いているのだろう、と推測して棚に入れたりしています。

▼そんななか、数学の知識がなかったからこそ生まれたフェアがある。

数学の世界のことは全然分からないので、東京図書さんに世間話で「数学者ってどういう本を読んでいるんだろうね」と話したところ、協力してくださって、「数学者が読んでいる本ってどんな本？」というフェアが始まりました。震災の年の、わりと早い時期です。砂田（利一）先生（当時・明治大学、現在は明治大学・東北大学名誉教授）にまず頼み、そこからさまざまな先生に協力をお願いしていきました。

砂田先生は岩波書店などでも本を書かれているすごい先生だというイメージがあって、そんな先生が一書店に協力してくれるとは思わなかったので、正直なところ最初は無理だろうと思っていたのですが、お引き受けいただけました。

私も、数学者が数学書以外にどんな文庫や文芸書を読んでいるのか興味がありました。「先生が薦めている専門書はもちろん読めないけれど、文庫だったら読めるかな」とか「ああいう理解できないような内容を書いている人でもこういう本を読むんだ」とか考えながらフェアをやっていました。

▼お願いした先生に断られることもよくあったという。

「いろいろな仕事を引き受けているから、ぽっと出の人の依頼に応えると、ほかの人に迷惑がかかる」と断られることもありました。実際、十年、二十年前に依頼された本がそのままになっているという話を版元（出版社）の方から聞いたり、契約したわけでもない口約束でも先生が覚えていて気にかけていたりすることを考えると、しょうがないかなとは思います。

▼フェアは全二十六回、成功裡に終わり、書籍化もされている〔書籍1〕。これがきっかけとなって生まれた人脈が、現在頻繁に行われているトークイベントの開催などにつながっている。

フェアに携わってくださった先生が足を運んでくださることも多く、イベントを始めるきっかけになりました。そのイベントを通して、出版社さんや編集者さんとお話をする機会も増えました。

森（重文）先生（京都大学）がフェアの最中に足を運んでくださったことがあり、私はずうずうしいので、そのときからずっとサイン本を頼んでいます。先生のお蔭で毎年たくさん売れています〔書籍2〕。年に二回くらいご依頼をしていて、すごくお忙しいと思うのですが、すぐに快く書いてくださる。とても嬉しく思っています。

あるお客様には、いつ店に来てもサイン本があるので、売れていないようで心配だと言われました。「いや、売れていて、常に補充しているんです」と言うと、「補充できるんだ」とびっくりされました。

益川（敏英）先生がフェアのさいにご来店されたときも、私があまりにずうずうしくサイン本を頼んでいたというので、東京図書のかたが驚いていました（笑）。こんな機会はめったにないと思って、「先生、

書籍1
数学者が読んでいる本ってどんな本

編／小谷元子
発行所／東京図書
発行日／2013年10月
判型／A5判
ページ数／208ページ
定価／2200円（本体2000円）
［版元品切れ］

これも、これも」とお願いしてしまいました。でも、あまり気にせずぐいぐい行くのもいいかなと思っています。

積極的な棚作り

▼森重文氏のサイン本以外にも、入手しにくい商品が書泉グランデでは手に入る。

流通していない本を出版社に掛け合って入れてもらったり、もともとストックとして出版社さんが持っていたものを仕入れたりしています。

僅少本かどうかを調べるために、出版社さんのサイトを検索して、「出版社に在庫はないけど、店にはあるよ」と(Twitterで)ツイートしたり、Amazonでプレ値《ね》(プレミアム価格)が付いているかどうか調べたりもします。皆さんには定価で買ってほしいという思いがあります。

▼これには、目立っていない本を売っていきたいという思いがあるという。

新刊が売れるのは当然だと思っているので、棚で埋もれているような本を売っていきたいとよく思います。

書籍2
代数幾何学

講義／広中平祐
記録／森 重文
編／丸山正樹、森脇 淳、川口 周
発行所／京都大学学術出版会
発行日／2004年11月
判型／B5判
ページ数／175ページ
定価／3080円(本体2800円)

たとえば、すこし前に高瀬（正仁）先生のイベントを開催したのですが、そのイベントにあたって、先生の既刊［書籍3］についてツイートしたところ、たくさん反応がありました。新刊として出たころを知っているので、古くない本だというイメージがあったのですが、こんなに知らない人がいたんだと驚きました。先日、版元の方とも話していたのですが、七、八年くらい前の本でも、新刊の刊行当時に小学生くらいだった子が今は大学生になっていたりする。それだけの期間があれば、数学に興味を持っている人がそのぶん増えるのだなと感じました。日々いろいろな本を告知していくのは大切だなと実感しています。

▼入手できない本、刊行されない本に残念な思いがすることもしばしばだ。

欲しい本が品切れになって仕入れられないとか、古い本だと、著者が亡くなってご家族の同意がとれずに絶版になっている、といったこともありますね。

一度、ある版元の方に「倉庫に行かせてほしい」とお願いしたのですが、無理でした（笑）。見られたくないのでしょうが、倉庫には知らない本がたくさんあるはずなので、行けたら楽しいと思います。日本評論社さんの倉庫も見てみたいです。

書籍3

古典的難問に学ぶ微分積分

著／高瀬正仁
発行所／共立出版
発行日／2013年7月
判型／A5判
ページ数／264ページ
定価／3190円（本体2900円）

▼若手の数学者がもっと本を出してくれれば嬉しいという。

私が知らないだけかもしれないのですが、若い先生が本を出すことは少ないですね。

若い方のイベントをやりたいと思っても、新刊が出ない限りイベントはやりにくい。以前、書いてほしい先生にイベントをやってもらって、本を出してはどうか、という提案をしたこともありました。

▼実際、布川氏の提案で書籍化が実現した例もある。

高円寺で数学の塾をやっていた方が、「チラシを置いてください」と言ってやってきました。チラシを置くだけなら簡単ですが、どうせなら宣伝しないとダメなので、「何かイベントをやりませんか」という話を持ちかけたところ、その方の人脈から、講演会をやろうという話になりました。すると、「イベントに合わせて本も作る」と、出版も急いでやってくださったのです［書籍4、次ページ］。

面白い方は実はたくさんいらっしゃいますよね。編集者の方には、頑張って発掘していただけたら嬉しいです。

▼数学書以外の商品も幅広く売られている。

数学が出てくる文庫やコミックは、数学の好きな方には嬉しいのではないかと思い、ネットや店先で見つけたら、なるべく仕入れています。

「素数大富豪」[*1]といったゲームも置いています。書泉グランデはアナログゲームの充実しているフロアがあるのですが、その担当者から情報を聞いて仕入れたりしています。

瑞慶山《ずけやま》(香佳《よしか》)さんのことは博物フェス[*2]で知り、直接交渉して商品を仕入れ、何回かフェアもやっています。以前は夢にも思わなかったことですが、自分が良いと思って取引を始めた人が、技術評論社さんから本を出されたり[書籍5]、『数セミ』の表紙を飾るようになったりしたのは、すごく嬉しい。自分が発掘したというつもりは全然ありませんが、良いものは良いとみんな気づくのだなと思いました。

書籍4

妹がグレブナー基底に興味を持ち始めたのだが。

著／グレブナー基底大好きbot
発行所／シルフ・インスティテュート
発売日／2017年9月
判型／A5判
ページ数／114ページ
定価／1100円(本体1000円)

Twitterを活用する

▼Twitterを有効活用しているのも布川氏の特徴だ。

知られていない本がたくさんあるので、それをいかに皆さんに知ってもらうか。いい本かどうかは正直分からないのですが、売れたものについては少なくともニーズはあるのだろうと考えて、売れた本を注文して、入ってきたときにツイートします。そうすると、だいぶ経ってからその本を求めてお客様がご来店されることもあります。

Twitterは便利です。最初は「こんなのやる意味があるのか」と思っていたのですが、たとえば早めに新刊が入荷したことをツイートすると、その昼休みにすぐに買いに来る方がいたりします。数学書だけのアカウントをTwitterに持っている書店はめったにないので、それは強

＊1　関真一朗氏（当時・東北大学、現在は青山学院大学）の考案した、トランプゲームの大富豪をベースにしたカードゲーム。手持ちの数字カードを組み合わせて素数を作りながら場に出していく。

＊2　「博物ふぇすてぃばる！」。年に一度開催されている、幅広い学術分野に関わる物販・発表イベント。

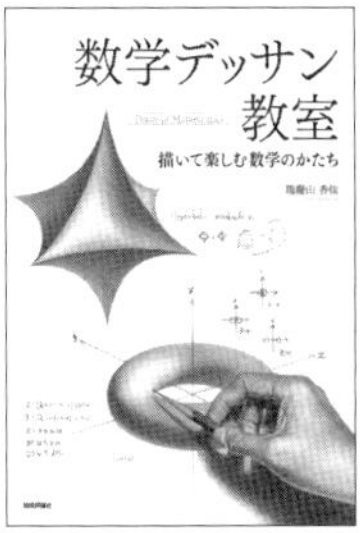

書籍5

数学デッサン教室

描いて楽しむ数学のかたち

著／瑞慶山香佳

発行所／技術評論社

発売日／2019年1月

判型／B5判

ページ数／112ページ

定価／1628円（本体1480円）

みです。著者の先生も、自分の本を宣伝してくれたら嬉しいと思うので、なるべく幅広く宣伝できたらと考えています。

▼二〇一五年開催された、圏論に関わる書籍を集めた特徴的なフェア「圏論祭」も、Twitterの空気や、店頭での書籍の動きに敏感な布川氏ならではの企画だ。

数年前までは、圏論の本は黄色い本一冊[*3]しかなかったと思いますが、じわじわ売れているのは知っていました。あの年、新しい本が急にいくつも出た。もともと「きてる」とは思っていたけれども、「やっぱりな、これはお祭りだな」と。翌年、やはり黄色い『ベーシック圏論』〔書籍6〕をたくさん積んで「卵焼き」とか言っていたのですが、あれも全部捌けました。

その後、敬老の日にかけて「圏論の日」と言ってTwitterでアピールしていたのですが、ぜんぜん広がらなかったので（笑）、恥ずかしいと思って去年はやめました。でも、「三月一四日が数学の日」とかはベタすぎてつまらないので、何か面白いことが発信したいといつも思っています。

▼Twitterのために、日本数学会の年会の情報も収集している。

（学会の日程に合わせて行われる）市民講演会の講演者は誰だろうとか、賞は誰がもらったんだろうとか、宣伝する切り口を探しています。つまらないTwitterがとにかく嫌なのです。市民講演会の内容を見

書籍6
ベーシック圏論
普遍性からの速習コース

著／T. レンスター
監修／斎藤恭司　訳／土岡俊介
発売日／2017年1月
発行所／丸善出版
判型／A5判
ページ数／286ページ
定価／4070円（本体3700円）

て、品ぞろえやフェアを考えたりもしています。

▼イベントを開くときにも、Twitterが主な宣伝方法だ。

新聞広告を出せるわけでもないし、『数セミ』に載せても『数セミ』の読者にしか見てもらえない。Twitterはタダだし、不特定多数の人に見てもらえます。

Twitterしか頼れるところがないので、業界の人がみんなでつながるようことができたらいいなと思います。うちと関係のない数学のイベントも発信できるアカウントでありたい。うちの売上に直接結びつかなくても、業界が盛り上がれば、という気持ちでやっています。

数学愛好家の根強さ

▼書泉グランデの数学書売り場の品揃えはマニアックにも見えるが、そう意図しているわけではないという。

基本的に、書店の本棚は、お客様の嗜好に合わせて作られるものだと思います。うちに純粋数学の本が充実しているのも、客層に合わせた結果です。

うちで数学書が売れるのは、明倫館さんが[*4]近くにあるためかなと思っています。大学が近くにあるからだろう、ともよく言われるのですが、学生さんはそれほど来ないので、そこは関係なさそうです。書

＊3　S・マックレーン著、三好博之・高木理訳『圏論の基礎』（丸善出版）。

＊4　神保町にある古書店。自然科学書を専門に扱っている。

泉自体、お客様の年齢層が高めなので、大学生向けの本が売れる傾向にはありません。

でも、Twitterを始めて、若いお客様が来てくれるようになったという印象はあります。大学生が四〇〇〇〜五〇〇〇円もする専門書を買ってくれるのは、レジをやっていてすごく嬉しい。親からお金をもらっているのかもしれないけれども、四〇〇〇〜五〇〇〇円もする本を買ったことはないのではないかと思うと、感動します。

また、給料日に本を買いにくる人が多くいらっしゃいます。給料が出たから本を買おうなんて、ごく一部の人だと思いますが、すごいことです。この世界は安泰だなと思います。

日本一のお店を

▼布川氏は生き生きと働かれているのが印象的だ。

書店員になった理由は、何も面白くありません。本屋さんに行くこと自体は好きだったのですが、当時は就職氷河期でここしか受からなかったというだけです。授業中寝ていたので、事務職は向かないなと思った。親戚が経営していた旅館に、スキーをやりにアルバイトに行って、接客って楽しいなと感じた。接客業を受けたなかでたまたま受かったのが書泉だった。それだけの理由です。

ただ、書店員は、自分にとっては天職だったのかなと思います。書店では、ある意味では自分の好きな本を売っていればいいですし、数学書は実際売れているので楽しい。数学を志した人が全国から足を運びたくなるような、日本一のお店を目指しています。

▼数学が苦手だったからこそ、書店員としてできることがあるのではないかと語る。

数学書を担当して、免疫ができたようです。読み物やテレビ番組で、数学を噛み砕いて説明してくれるものがたくさんありますが、そういうものも仕事に関係するので触れようとしていますし、数学のマンガも読むとすごく面白い。私以上に苦手な人ももちろんいるので、そういう人に、文系代表として良さを伝えていかないといけないなと思います。

サイン・コサインは使わないから教えなくてよい、といった著名人の発言がときどき問題になりますね。数学のお蔭で生活が成り立っているのに、それを知らないと、ああいう発言になってしまう。書店員の立場から、もうちょっと浸透させていければと思っています。少しでも数学業界のお手伝いをして盛り上げていきたいです。

［二〇一九年二月六日談］

布川路子

ふかわ・みちこ

趣味人専用書店・書泉グランデの4階で数学、物理、地学、気象、語学、絵本を担当。『数学セミナー』2014年4月号～2015年3月号にて「今月のオススメ」コーナーを連載。『数学ガイダンス2016』(日本評論社)にて「街の書店より」執筆。好きな作家は辻村深月。

6

数学的思考を活用してビジネスをより豊かに

藤本浩司氏にきく（博士（工学）、コンサルタント、テンソル・コンサルティング株式会社）

本章では、テンソル・コンサルティング株式会社代表取締役会長の藤本浩司氏にお話を伺う。藤本氏は、企業に対するコンサルティング業務を職業としている。数学とどのような関わりがあるのかをお聞きした。

数学を使用する情報工学をビジネスに

▼「テンソル・コンサルティング」と数学用語を使った会社名ですね。

いつもテンソルの概念を使って仕事をしているわけではありませんが、これまでずっと数学に関わってきたので、数学を想起させる社名がいいと考えて名付けました。

▼コンサルティングとはどのような仕事なのですか。

お客様が持つデータをもとに、ＡＩ（人工知能）や機械学習、最適化などを使って売上を上げたりコストを削減したりすることで、利益を上げるお手伝いをする仕事がメインです。「どこに、どのように、お金や商品などの資源を配分すれば、将来こういう結果が出る」という予測をするわけです。

予測には統計や機械学習を使うことが多いです。機械学習も半分以上は統計技術ですが、解決したい課題のすべてが統計で説明できるわけではないので、人間的な思考回路や経験則をコンピュータの中に埋め込むことも行います。

「数学を使用した情報工学によるビジネス」とイメージしていただければいいと思います。

▼会社の特色や強みは何でしょうか。

お客様が抱える課題、投入可能な予算、対象となる顧客層などは一社一社異なります。ただ単純にデータをアルゴリズムやディープラーニングへ突っ込むだけでは、課題の解決にはつながりません。したがって、仕事は多くが「フルオーダーメイド」です。

数学は用いるけれども、手法ありきではなく「このケースには何を適用すべきか」から考えること、テクノロジーに先立つクリエイティビティを重視すること、それが当社の基本的な姿勢です。このように数学的なクリエイティビティをＡＩに活かそうと考えるコンサルティング会社は、そうはないはずです。

お客様に最も適したやり方を考え、クリエイティビティをもって実行する点が、当社の特色であり、強みではないでしょうか。

▼顧客としてはどのような会社が多いのでしょうか。

十六年間で取引した会社は一七二社で、業種はさまざまです。クレジットカード会社なら大手を中心に大半の会社とお付き合いがあります。二〇一〇年代以降のＡＩブームで、金融以外のお客様も増えました。伊藤忠商事などの総合商社、ＱＶＣなどテレビショッピング・通信販売会社、ＡＮＡなど航空会社、ＬＩＮＥなどＩＴ企業、そのほか、三菱重工、日本たばこ産業、三井化学など……、こうしてみると結構幅広いですね。

数学を用いたビジネスの醍醐味

▼数学を用いたコンサルティングを始めた理由は。

私が数学を用いたコンサルティングに携わり始めた二〇〇〇年代当時、現在の当社のような仕事をする会社はほとんどありませんでした。したがって、ビジネスとして成功するという確信はありました。しかし第一の動機は、「数学的なクリエイティビティをもっとコンサルティングのなかに活かしたい」ということです。

お客様が実現したい課題について、一つ一つ仕組みを解きほぐしていく過程で、ふとした隙間に隠れた真理を発見することがあります。ときどき、そのビジネス戦略を大転換させるくらいの真理が見つかるのです。

仕事上の困難が解決したときは、証明が完成した瞬間のような爽快感があります。これが数学を用いたビジネスの醍醐味かもしれません。お客様が課題を解決された姿を見ることが、本当に楽しいですね。

パズルや迷路から数学の世界へ

▼子供の頃から数学的なことはお好きでしたか。

実は、小学生の頃は四則演算が苦手でした。パズルや迷路などは好きでよくやっていましたが、足し算引き算…となると、とたんにやる気が起きなくなるような子供だったのです。ところが中学生で代数が出てくると、急に苦手意識がなくなりました。「りんご一個、みかん二個を足して…」のような具体的な色がつく計算よりも、変数を使った数式を扱う方が、現実にわずらわされず解放されるような感覚、

世界が広がるような感覚がありました。

中学校で面白い数学の先生に出会ったのも、数学を志すきっかけになったかもしれません。いかにも数学の先生らしい、と言うと語弊があるかもしれませんが、飄々とした先生でした。

あるとき、余興として、先生が黒板に一〇桁程度の数字の列を一〇行並べたのです。驚いたことに、先生はその数字をいきなり「頭から」足し算し始めたのです。それを目の当たりにして驚き、どういう計算をしているのだろうと思ったあたりから、数学に興味を持ち始めたと思います。

▼数学の成績はどうでしたか。

中学高校では、数学の成績は常に上位、全国模試を受ければ必ず五〇位以内でした。たいして勉強もしてなかったのですが、同級生に国語で全国一位がいたので、まあ世の中そんなものかなと。ところが大学に入ると、このうぬぼれが通用しなくなりました。

▼上智大学の数学科ですね。実は、留年されたとか。

そうです。大学での数学は一変して抽象化された世界となり、たちまちついていけなくなりました。大学も勉強しなくて大丈夫だろうという思い上がりがあったのでしょう。取り残され、落ちこぼれて、留年してしまいました。

ただ、留年はしましたが、個性的な先生、印象的な先生に出会えたことは幸運でした。

▼大学では篠田《しのだ》健一先生の授業が印象的だったそうですね。

篠田先生は群論の専門家です。「群論を使ってルービックキューブを五分以内に解け」という、当時ブームだったパズルを使った問題を出されたことがあります。

パズル好きな私は大喜びで、夢中になって、ほぼ二日間食事も忘れて解きました。大きい紙にパターンを書き出してみると、「こんな規則性があるのか…」と気づきました。その結果、先生の前で、三分弱で解いてお見せすることができました。楽しい思い出ですね。

▼和田秀男先生にも師事されましたね。

和田先生は素数の専門家で、コンピュータを用いて素数を研究されていました。学生時代にコンピュータの面白さに目覚めたのは、和田先生の影響もあったと思います。

和田先生は、「素数表現多項式」の有名な式を出されています。卒業後に先生とやりとりしながら、少しだけ多項式の研究……というか、アマチュアレベルの「趣味の数学」をやっていたことがあります。

素数を吐き出すaからzまでの二十六変数二十五次多項式が素数の値をとるときの、変数の具体的な値はいくつになるかが気になり、具体的に計算していくと、aの値は五十五桁、もっと凄いのはuの値で、プリンターで出力するには宇宙サイズの紙が必要なほど、ということがわかりました。[*1]

これは恐らく私が世界で初めて見つけたことです。大学のクローズドな勉強会では発表しましたが、せっかくだからマーチン・ガードナーの業績を讃える「Gathering for Gardner（G4G）」という数学の大御所が集まる会での発表を予定しています。

数学を使って一〇〇億円を稼ぐ

▼大学卒業後は民間企業に就職されましたね。

卒業時は、「就職したらAI開発に携わりたい」という希望がありました。学生時代にコンピュータに出合い、AIに可能性を感じたからです。しかし当時はまだ一般にAIは現実的なものとは捉えられておらず、就職の面接で「AIをやりたい」と言っても、まともに聞いてくれるところは少なかったですね。

結局、最初は日本アップジョン（現・ファイザー製薬）に就職し、数学的手法を用いて医薬品開発を担当しました。その後、クレジットカード会社のアメリカン・エキスプレスに転職し、データベースマーケティングに携わりました。

▼数学を仕事で活用し始めたのはその頃からなのですね。

特にコンピュータの利用によって、数学の仕事への応用は格段に進みました。

今の若い人にはピンと来ないかもしれませんが、当時の大学数学科は、「コンピュータを使うのは数学ではない」という世界で、勉学にはほとんど使いませんでした。「純粋数学を究める研究を行う」と

＊1　【編集部註】『せいすうたん1』（小林銅蟲・関真一朗著、日本評論社、二〇二三年）、第十一話でも詳しく取り上げられています。

いう大学の立場から、その気持ちはわかります。

しかし、学生時代の私にとってコンピュータは面白い道具でした。それまでの私は、数学は「純粋で創造的」、工学は「現実的である分、制約が多い」という漠然としたイメージを持っていました。ところが、コンピュータを使ってみて、数学を用いた「ＡＩ」なら、ずっと自由で、創造的なことができるのではないかと、情報工学に興味を持つようになったのです。

そこで学生時代には、興味の向くまま、趣味としてエキスパートシステム[*2]のようなＡＩを作るなどしていて、これがのちの仕事にも役立ちました。

たとえば日本アップジョンでは病気の診断をするｅエキスパートシステムを作り、論文発表もしました。当然、現在のＡＩのクオリティーには及びませんが、当時すでにＡＩ研究は注目されているのは感じました。

▼カード会社に転職してからも数学は活かされましたか。

アメックス（＝アメリカン・エキスプレス、以下同）では、データベースマーケティングを行うために、確率統計をバリバリ使いました。アメックスももちろんそうですが、金融の世界はダイナミックで、数学の使い方によって、収益が何億円も変わります。

これは起業前に勤めた別の会社の案件ですが、私の作った数学による予測モデルで、最高で年間一〇〇億円の利益を生み出したことがあります。利益額なので、売り上げはもう一桁多いです。

ビジネスでは、数学自体の性能だけではなく、それを適用する場所とマーケットサイズがとても重要です。数学を上手く使えばそのくらいの金額を生み出せる可能性は十分あります。

▼一九九五年には退職して大学院生になりましたね。なぜでしょうか。

バブル経済が弾け、アメックスが大きなリストラを行ったことがきっかけです。希望退職を募るための条件がよく、退職金が二倍以上出るというのです。しかも「大学などで学ぶなら、さらに一〇〇万円上乗せする、学位取得に失敗しても返還は求めない」という魅力的なオプションもあり、学び直しのチャンスだと思いました。大学院でAIの研究をしたいと考えたのです。

どこに行くかを決める際は。上智大学の筱田先生に相談しました。「ろくに勉強してなかったからうちでは取れないけど、君と同期の飯田君が[*3]、東京農工大学の小谷善行先生のもとでAIを研究して博士号を取ったらしいぞ」と教えてくださいました。

これまたチャンスだと思い、飯田君を通して小谷先生を紹介してもらいました。そのおかげで、東京農工大学大学院のコンピュータサイエンス専攻の博士課程に入ることができたのです。

▼大学院でのAI研究は順調でしたか。

うーん、どうでしょう。真面目に研究をしたのは確かです。AI研究に対する意欲はあったし、筱田先生や飯田君にお世話になって実現したことですし、何より、一度社会に出て仕事を経験し、学ぶこと

＊2　人間の専門家（エキスパート）の意思決定能力を模倣するコンピュータシステム。商用のAIソフトウエアとして初めて成功したものと言われている。

＊3　上智大学数学科出身の将棋の元プロ棋士、飯田弘之氏。現在は北陸先端科学技術大学院大学副学長。

の大切さが身にしみてわかりましたから。

ただ、学部が数学で、修士課程を飛ばしていきなりコンピュータサイエンスの博士課程に入ったので、下地が不足していたのですね。最初に設定した研究テーマは、結局一年で頓挫。それからテーマを方向転換したものの、考えても考えてもいいアイディアが浮かばず、悶々とする日々でした。

ところが二年目の六月になって、一気に、新しい数学モデルの骨格が降りてきたのです。これはまさに「降りてきた」としか言いようがない感じで、そこから一か月で博士論文のフレームがすべて揃い、研究が具体的に動き始めたのです。

こうして見ると、大学院生活も決して順調ではありませんね。しかしこのときの「徹底的に悩み、考え抜くことで自ずと突破口が開ける」という経験は、貴重な財産です。のちにビジネスの世界で難しい課題にぶつかるたびに、この経験が活かされているからです。

数学を活かすコンサルティング

▼博士課程修了後はいったん金融コンサルタント会社に就職して、その後起業されたのですね。

先ほどの一〇〇億円の利益を上げた話は、この金融コンサルタント会社での出来事です。業績も上げ、取締役まで務めたので、キャリアとして不足はありませんでした。ただ、その会社の取り扱い分野が少し狭く、金融方面のリスク予測だけだったのです。ＡＩにもいろいろな使い方がありますから、もっと対象を広げられるはずだと思い、二〇〇六年に会社を興しました。

▼数学を活かした仕事の事例を教えてください。

面白いところでは、ＪＣＢ（カード会社）の「ぼったくり店をあぶり出すＡＩ」があります。カード会社はぼったくり店、つまり、不当に高額な料金を請求するような反社会的な店とは契約したくないわけです。しかし、例えば通常の飲食店として加盟し、その後ぼったくり店に変わるなど、厳正な審査を行ったとしても一定数出現してしまうのも事実です。

そこで当社は、これまでにぼったくり店だと判明した店を機械学習させて、そこから未知の、水面下にあるぼったくり店をあぶり出すＡＩを開発しました。このＡＩを使えば、かなり高い精度で判定することができます。

▼具体的にはどのようなしくみなのでしょう。

まず、過去にぼったくり店と判明したお店の属性データや決済データと通常のお店のデータを機械学習の手法で識別する数理モデルを作ります。次に、月に一度加盟店の決済データをチェックする際、その数理モデルが「ぼったくり店である確率」を算出します。膨大な数の飲食店でも、コンピュータなら短時間でチェック可能です。その結果、確率が四〇～五〇％以上であれば「ぼったくり店の可能性が非常に高い」と判定されます。これでだいたい契約先飲食店全体の〇・一％（一〇〇〇軒）程度に絞り込まれます。

その後は人間による最終確認作業です。「ぼったくり店である可能性が高い店」に、調査担当者が直接、決済についての具体的な回答を求めるわけです。その回答によってはぼったくり店確定となり、加盟店規約に基づき契約解除となります。

多数の契約先に紛れ込んでいるぼったくり店を、担当者のカンに頼ったり、ランダムに抽出して調べたりといった方法での調査では、時間もかかり、精度に限界があります。そこをＡＩで予備調査することで、時間を節約しつつ精度を上げることに成功したわけです。

▼金融関係は数学になじみやすいですか。

お金という指標がはっきりしているので、その意味では効果が目に見えやすいかと思います。ただ、実際はそこに人間が絡むので、数学的には単純な話なのに採用されないこともあります。

一例として、お金を人に貸すときの「与信」についてのアルゴリズムを紹介しましょう。

「信用ができるからたくさん貸し、信用できなければ貸さない」というのが、金融業界の基本的な考え方です。個人レベルのお金の貸し借りでも納得しやすい常識的な考え方でしょう。ここで数学を使うと、「業界の常識からは外れるものの、会社の利益を最大にできる与信アルゴリズム」を考えることができます。

三越伊勢丹の「エムアイカード」の事例ですが、「信用は高くないが、たくさんお金を使う人にはそれなりに貸す。絶対に信用できるが、お金をほぼ使わない人にはあまり貸さない」というアルゴリズムです。

「ボラティリティ」という変動幅で、平均値からの振れが狭い場合と広い場合とではリスクのつけ方が変わるのです。数学的には簡単な話ですが、業界では目から鱗だったようです。

このアルゴリズム導入後は、売り上げが六%上がりました。一見地味ですが、業界内では画期的で、日本では特許を取得しています。

▼金融関係以外での事例はありますか。

ANAの事例で、航空機の故障の予兆を事前に見つけるプロジェクトがあります。このプロジェクトの特徴的なところは、「故障データがない状態で機械学習をさせる」という点です。

というのは、航空機の故障は滅多に起こらないからです。「数少ない『異常』(故障)」よりも、「数多い『正常』とはどういうパターンか」を機械学習させる方が、ずっと効率的なのです。つまり、「正常」を理解させた上で、そこからの逸脱度を見て「異常」を判定する逆転の発想です。

オフィスに飾られている手回し計算機

このアルゴリズムを採用した結果、今まで気づくことができなかった異常も見つけられるようになりました。この事例については学会発表もしています。

このほか、特許出願中の「ゴルフスイングのパターン認識」など、スポーツの分野でも数学を活かしたビジネスを展開しています。

数学を学ぶ人は、情熱をもって「数学を生きて」ほしい

▼子供時代から今まで関わってきて、「数学の魅力」は何だと思いますか。

「情熱」でしょうか。数学をやっている人間は、よく「論理的」と言われます。たしかに論理は武器ですが、いちばん根底にあるのは情熱だと思うのです。

「絶対こうに違いない」「これは正しいはず」と思えるような、どこから湧いてくるのかわからない自信が、数学の証明には必要だと思います。私が大学院で研究がうまくいかず悩み抜いたときも、苦しいけれども投げ出そうとは思わず、「絶対こうだ」と思える道筋が見えてくる瞬間がありました。

機械には、そういう情熱がありません。人が機械に勝る点の一つはここで、コンピュータによる数学の自動証明の性能がなかなか向上しないのも当然だと考えています。これは「強いＡＩ[*4]」問題にも通じることです。

▼人間のような精神を持つ「強いＡＩ」をつくることは不可能ということですか。

たしかに道のりは遠いかもしれません。「強いＡＩをつくっています」と言っている企業もありますが、現時点ではできていないはずです。ただ、私が生きている間は無理でも、テンソル・コンサルティングは、強いＡＩをつくる会社になってほしいと願っています。

個人的に、「自分の意志が機械的にどう表されるのか」ということは、探求していきたいテーマです。肉体の一部を義足や人工臓器に置き換えても、その人がその人であることは変わらない。しかし、仮に強

いＡＩが実現したとして、脳を置き換えたらその人の人格はどうなるのか。アイデンティティ（自己同一性）のありかを知りたいという気持ちは、ＡＩの概念を知るずっと前の、子供の頃から抱き続けています。

▼ビジネスに数学を使う魅力は何でしょうか。

先に紹介した事例を見てもわかるように、ビジネスではあくまでも「信用リスクを回避したい」「航空機事故を防ぎたい」などの顧客の要望をかなえるにはどうすればいいかという課題が先にあり、そのために数学を用います。

ここで数学を用いる際に大切なのは「知恵」です。課題の本質を数学的に定義し、その数学構造にぴったり合う方程式を作り出すこと。このプロセスこそが、数学を用いたビジネスで結果を出すための「知恵」です。

数学構造の高度さや複雑さ、最新性などは関係ありません。「どれだけ課題の本質に肉薄できるか」が重要なのです。

＊4　哲学者ジョン・サールの「強いＡＩによれば、計算機（コンピュータ）は単なる道具ではなく、正しくプログラムされた計算機には精神が宿るとされる」が由来となった言葉で、幅広い知識と何らかの自意識を持つ計算機のこと。

高度な技術手法や最新のアルゴリズムを使えばある程度の結果が得られることがわかっていても、誰かが考えたものを選んで当てはめることはしません。それは「知識」にすぎないからです。

▼「知識」ではなく「知恵」が大切だということですね。

数学をやる人であれば、難しそうに見える数学のテーマも、一つ一つきちんと積み上げて正しい方向を見出し、途中でちょっとした発想の転換をしたりして、試行錯誤の末にエレガントな解に行き着いたときの喜びを知っているでしょう。そこに数学の醍醐味がありますね。

ビジネスに数学を用いるにあたって、「知識」ではなく「知恵」を重視するのも、いわばこれと同様な思考で、最高に創造的でエキサイティングな人間の営みであると思います。

▼数学を学ぶ人にアドバイスはありますか。

おこがましく助言できるようなことはありませんが、数学を単なる「学問」ではなく、自分の「生き方」として捉えることができるといいのではないかとは思います。情熱をもって、熱中して、「数学を生きる」のは楽しいことですから。

学問、ビジネスに関わらず、数学の世界は必ず、想像をはるかに超えてきます。現実世界と同様に広大で、深く、多様であり、だからこそ可能性に満ちていることを忘れないでいてほしいと思います。

［二〇二一年一二月二八日談］

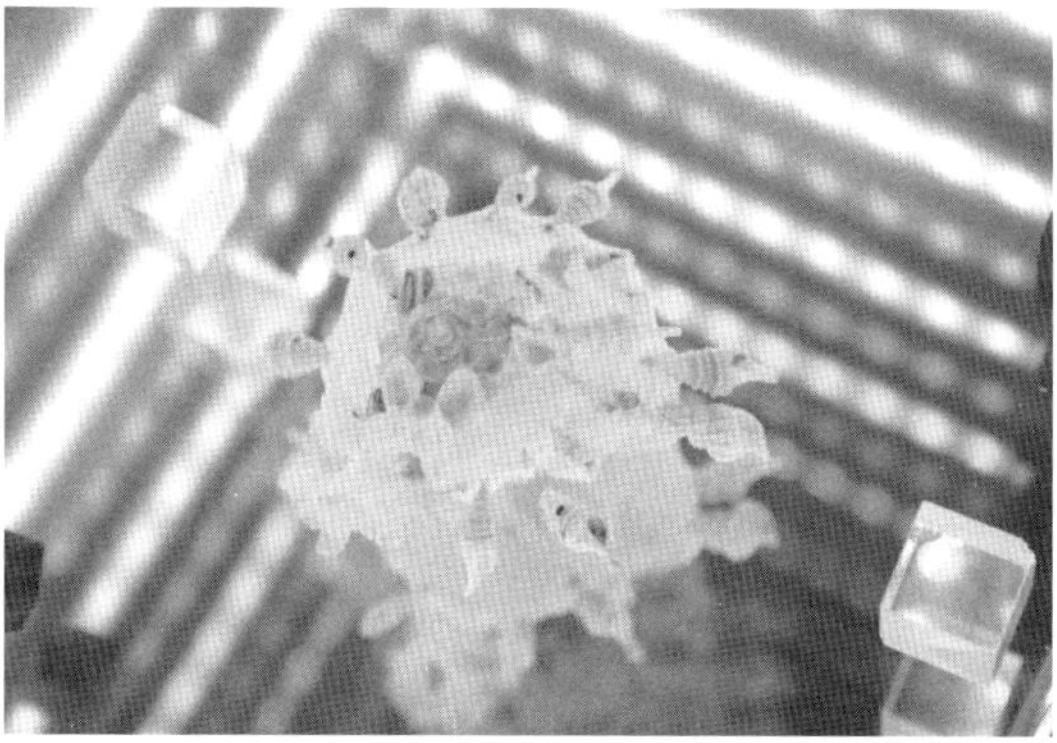

上　藤本氏が執筆協力をした小説『人工知能』(PHP研究所)

下　趣味が石集めであり、オフィスに飾られている自作した「奈落」

藤本浩司

ふじもと・こうじ

1962年、三重県生まれ。テンソル・コンサルティング株式会社代表取締役会長。上智大学数学科卒業。日本アップジョン株式会社(現・ファイザー製薬)、アメリカン・エキスプレス(日本支社)に勤務の後、東京農工大学大学院工学研究科博士後期課程入学。博士(工学)を取得。2006年12月にテンソル社を起業。現在、東京農工大学客員教授ならびに環境省脱炭素化事業のプロジェクトにおけるAIアドバイザーを兼任。著書に『AIにできること、できないこと』(共著、日本評論社)など多数ある。

7

円周率という氷山の一角

牧野貴樹氏にきく（暗黒通信団）

図7-1『円周率1,000,000桁表』表紙。

『円周率1,000,000桁表』という本をご存じだろうか［図7-1］。簡素な装丁で一〇〇ページ程度と薄いその本の内容は、単に延々と円周率の一〇進小数展開が書かれているだけ。にもかかわらず、一九九六年に第一刷が刷られてから二〇一七年までに二八〇〇〇部が発行されているというベストセラーだ。書店の理工書売れ行きランキングでもしばしば上位に名を連ねる。発行所は「暗黒通信団」。いったいこの本は何なのか。

本章では、暗黒通信団に所属する本書の著者、牧野貴樹氏にご登場いただいた。普段はニューヨークで某ＩＴ企業に勤める牧野氏。

仕事が終わったあと、ニュージャージー州のご自宅にお戻りのところを、インターネット電話を通じてお話を伺った。

なぜか売れ続ける不思議

この本を作ったのは大学生のころです。同人誌を始めた友人に「何か出すものない?」と訊かれました。ちょうどそのころ円周率の計算プログラムを書いたところで、自分のコンピュータで一〇〇万桁くらい計算できるようになったので、「円周率のデータならあるよ」と。

小学校の授業で先生が「円周率はずっと続きます」と言うのですが、何が続くのかは全然教えてくれない。なんで分かっているのに教えてくれないのだろうと悔しく思いました。高校になると「円周率を何桁か手で計算してみる」という宿題が出て、そのときにプログラムを書いて数十桁計算させたのですが、本当はもっと長くしてみたいとずっと思っていました。大学に入ってからアルゴリズムの教科書を読んでいくと、授業には出てこない後ろのほうに、普通よりも長い桁の計算をする方法が書いてある。これを使えばあのときできなかった円周率の計算ができるのではないかと、プログラムを書き始めた。それがきっかけです。

▼同人誌を作っていたその友人が属している団体が「暗黒通信団」だった。三〇部程度を刷って、コミックマーケット(同人誌の即売会)で頒布したという。

最初はレーザプリンタで印刷して、手で製本しました。それが三〇分くらいでなくなってしまい、意外と需要があるんだとそのときに気がつきました。

その後、暗黒通信団のメンバーが、自分たちの同人誌を一般書店で売る販路を開拓するために、出しているもののなかでいちばん本らしい体裁が整っていた『円周率1,000,000桁表』を利用しました。ISBNを取ったり、書店にコンタクトを取ったり、卸を扱ってくれるところ（取次）を探したり…。

三〇〇冊を印刷した二刷をそうやって少しずつ売り、品切れになったのでもう終わりと思っていました。ですが、本がカタログに載っているので、いろいろな書店から注文が来る。卸のところで「もう在庫がない」と断ってもらっても、また注文が来る。そうやって一〇年くらい在庫なしでやっていたのですが、あまりにずっと注文が来続けるので、増刷を決めました。

▼その後も本は売れ続け、取り扱う書店も増え、二八〇〇〇部にまで達したわけである。

今ではかなり小さい書店にも並んでいて、「こんなに世の中を侵食しちゃって本当にいいんですか」みたいな気持ちになります(笑)。初めは、この本は存在自体が冗談だと思っていました。値段も三一四円だし[図7-2]、「洒落が分かるひとが面白いと思ってくれればいいな」くらいの感じでした。最初のころに買ってくれたのは実際そういうひとたちだったと思うのですが、最近買ってくれているひとは、何か違うような気がします。

書店の担当者に話を聞くと、学生の女の子がプレゼント包装をしてもらって買っていったりするそうです。彼氏へのプレゼントにするのでしょうか。作ったほうが思いもよらない使い方をされていて不思議です。もともとの想像を超えて広がっていて、作った側も驚き

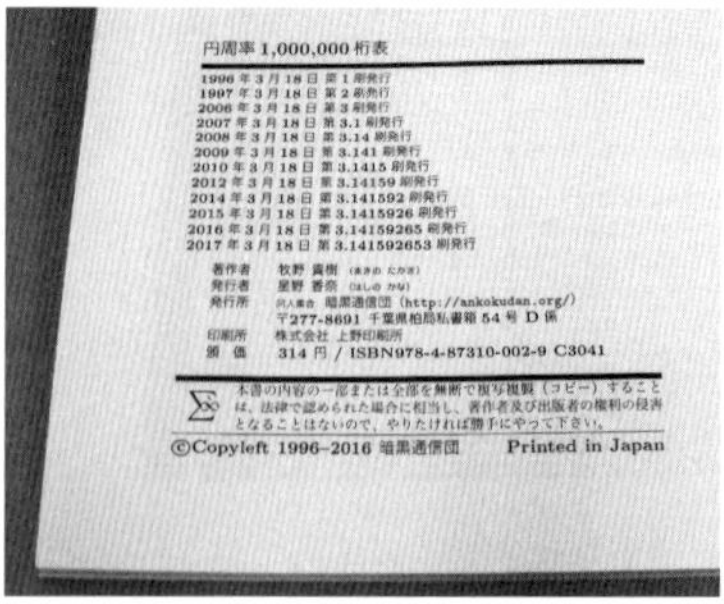

図7-2『円周率1,000,000桁表』奥付。頒価は314円、刷数は「3.14159…」と増えていく。発行日が「3月18日」なのは、円周率の逆数が0.31830…だから(牧野氏のプログラムは「円周率分の1」をまず計算してその逆数をとっている)。

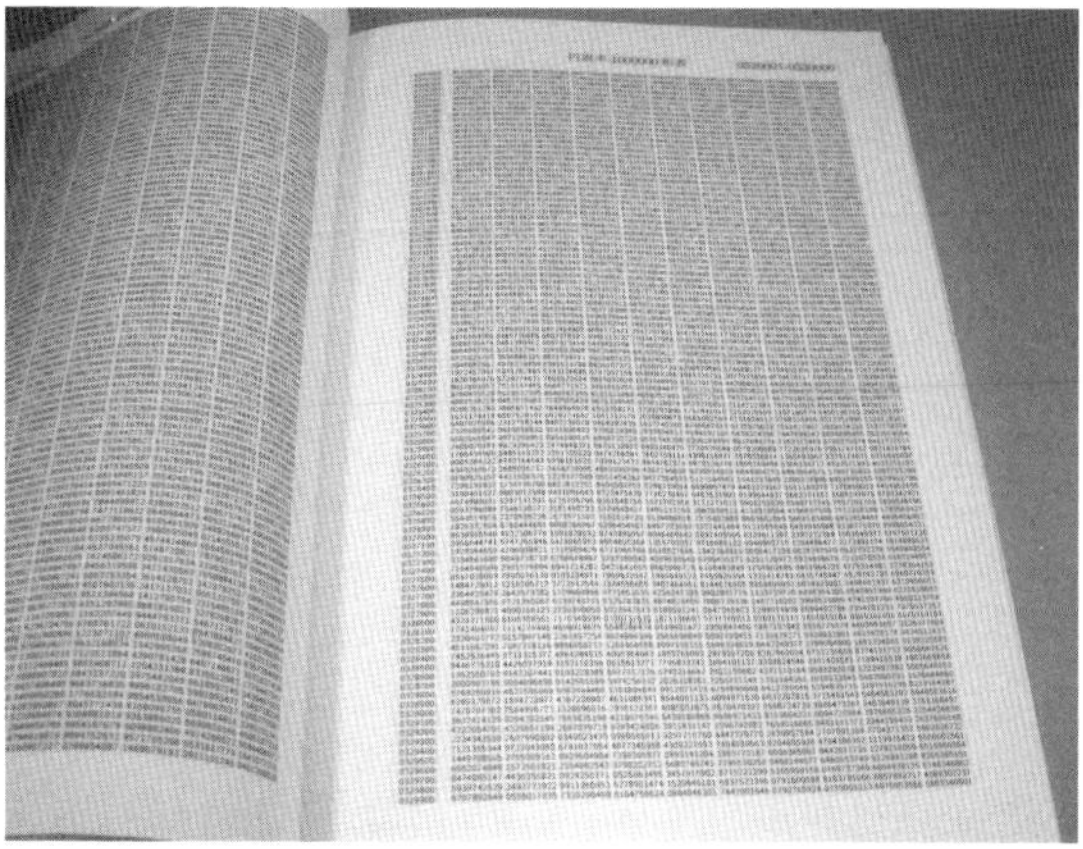

図7-3　『円周率1,000,000桁表』の本文。延々と円周率の10進展開が羅列されるだけ。

ながら見ています。

同人誌が、これだけロングセラーで売れ続けるのも珍しいのではないかと思います。しかも、ずっと同じ内容で。もちろん、円周率なので内容が変わるはずはないのですが。

▼円周率の数字だけならインターネットで調べればすぐに分かるはずだ。なぜこんなに売れるのか。

本になっていることがちょっと面白い、というのはたしかにあると思います。それの何が面白いのか、ことばで表現しにくいところはあるのですが、「世界の秘密」のようなものが手に取れるのが面白いのかもしれない。それに、たしかに本ではあるけれども、本としての使い方はされない本ですよね。赤瀬川原平の「超芸術トマソン」と同様、本としての役割を失って、純粋に本としての形だけが残っている。そういう存在自体の面白さはあるように思います。

また、きっと日本人は円周率が好きなんですね。計算の世界一の記録を持っているのも日本人だし、記憶した量の世界一を持っているのも日本人。日本人全員が小学校で必ず習って、とりあえず3.14で計算する。「本当は3.14じゃないんだよな」と思いながら、3.14と書いてずっと計算をしている。「知っているけれども知らないもの」、そういうものの一つなのではないでしょうか。

私の子どもの通うアメリカの学校では、けっこう電卓を使わせています。計算する能力より、何を理解しているかを大事にしていると思います。みんな携帯電話などを持ち歩いていて簡単に計算できる時代に、計算能力だけに時間をかけるよりは、理解を大事にするのはある意味合理的ですね。ちょっと寂しい部分もありますが。

暗黒通信団と数表

▼そんな不思議な本を出した暗黒通信団とはどんな団体なのだろう。

『円周率1,000,000桁表』は、暗黒通信団の初期のころに出た代表作ですが、もちろんそれ以外にもさまざまなことをしています。メンバーも多様で、「何でもあり」で活動しています。学者もいるし、お医者さん、漫画家、市議会議員など、いろいろなひとがいて、好き勝手に自分の好きなものを作ったり議論したりする団体です。

ただ、「円周率本」からこの団体に興味を持つひとが多いのはたしかです。「ほかの数表も作ってみよう」という話もよくあります。最近出したのは『グラハム数1,000,000桁表〈最終巻〉』(TokusiN著)。大きすぎて書けないグラハム数の末尾一〇〇万桁を計算する方法をメーリングリストのうえで議論して、アルゴリズムを作って本にしたものです。

▼暗黒通信団が作った数表の中で「円周率表」以外によく売れているのは『素数表150000個』だ。

ダントツに知名度が高いのがその二冊です。素数や円周率は、子どもも興味を持つのでしょうね。買って、頑張って覚えようとしてくれたりするようです。名前を知らないような数の表は、「こんな数表もあるんだ、面白い」と感じる本当にマニアックなひとが買っていくのだと思います。自然対数の底(ネイピア数)の表はもっと売れるかと思ったのですが、それほどでもありませんでした。

「円周率表」に対しては小さい子からお手紙がときどき来るのですが、以前、小学四年生くらいの子から「お願いがあります、$\sqrt{2}$がどこまで続くか調べて本にしてください」という手紙が来ました。それを読んですごく申し訳ないと思いました。そもそも小学生をターゲットにしたつもりではなかったのに小学生が買っている。しかも、「どこまで続くか調べてほしい」ということは、もしかしたら円周率がここで終わりだと思ったのではないか。何の説明もなく一〇〇万桁で打ち切っているから。それで、丁寧にお返事を書きました。$\sqrt{2}$の本を作ることはできますが、作りません。あなたが作ってください。自分で作るのが勉強になるし楽しいですよ」と。

コンピュータの出力から学ぶ

▼牧野氏が数学に最初に触れたのは、プログラミングを通じてだった。

小さいころ、出始めだったパソコンを父が買ってきたので、それで遊んでいました。参考書に載っているプログラムを入力すると、そのとおり動く。子どもなので親よりも時間が断然有り余っていて、いつの間にか親より詳しくなってしまいました。

その過程で、基本的な数学の概念がいろいろ出てきました。たとえば小学校二、三年のときのことですが、きれいな模様が描けるというプログラムに、サイン・コサインが出てきた。そのときはぜんぜん分かっていなかったのですが、ともかく「サイン・コサインに何か値を突っ込むと円が描けるらしい、ここでは円周率というのを使うらしい」と分かった。そうやって、ふつうのサイン・コサインの理解の仕方とは全然違うところから入りました。

▼プログラミングを通しての数学の学習は、中学・高校になっても続いた。

たとえば高校で行列が出てきたとき、「この行列をうまく使ったら、立体図形が扱えるんじゃないか」と、自分で立体を描画するようなプログラムを作ってみました。「これでいいだろう」と思って立体を描くと、なぜか綺麗な形にならない。どこが間違っているのかずっと悩んだ挙げ句、最後になって、目に映っている直線は直線ではない、歪むということが分かった。目の近くのものを描こうとすると、その歪みをちゃんと描画しないといけない。それが最初、自分では分かっていませんでした。本当にコンピュータの出力を通して数学を勉強していました。

▼東京大学に進学したあとも情報系に関わり続けた。

簡単なニューラルネットワークを使って、機械に学習させてみたりしました。その更新式をちゃんと理解するには数学が必要です。聞きかじったものを作ってみようとするなかで数学が出てくる。コンピュータはそういうところがあると思います。数学とコンピュータは全然別の分野のように思われている節もあるのですが、いろいろなところで数学が顔を出します。

大学院を出たあとは、合原一幸先生の応用数学の研究室で、コミュニケーションの数理システムをメインテーマにしていました。ひとが言葉なり何なりでやり取りする状況を数理的に考えられないか。機械学習の一種の強化学習を使って、コミュニケーションのダイナミクスをうまくモデル化できないかを研究していました。

▼ただ、研究の道には進まずに、いまも勤める某IT企業に就職することになった。

研究を続けたい気持ちはあったのですが、自分が研究して進めたいテーマと予算が取れるテーマとがだんだんずれてきて、両方追いかけていくのはしんどくなってきました。また、世の中の役に立ちたいという気持ちがあったのですが、自分の研究していることはすぐに役に立つ性質のものでもありませんでした。そのギャップも感じていたので、企業に移る決断をしました。

会社では、いろいろ工夫して実験をし、そのうえで高い精度が出たものを会議にかけて商品にする。論文を書く代わりに社内で会議を通している感じです。データの裏づけがないと会議を通らないので、研究に近い部分はあります。その意味では、研究をしていたころと生活はあまり変わっていないように思います。また、実際に作ったものがみんなに使われ、レスポンスがちゃんと感じられるので、楽しく過ごしています。

▼現在は機械学習を使って、音声認識の精度を向上させる仕事をしているという。

機械学習で、音声データに対して言葉のデータを対応づけるのですが、途中で数学がたくさん出てくるのは驚きでもあるし、面白いところです。

機械学習は特に統計や数学の概念をしっかり使う分野です。適当に思いついたことをやるというタイプのひともいますが、うまく動く手法には、たいていちゃんとした数学的背景がある。新しい手法を見たら、その数学的背景を理解するのが大事です。

こんなに計算しても役に立たない

▼二児の父である牧野氏、子どもたちにも円周率の話をしている。家に「円周率本」があったり、円周率の書かれたマグカップを買ってコーヒーを飲んだりしているので、子どもと「それは何?」「これは円周率でね……」という話をしています。
▼インタビュー中、牧野氏の長男(九歳)が割り込んできて、「覚えたんだよ、3.14159265…」と唱え出す一幕があった。

それはまだこの本の一ページめの、一行の半分までも行っていないから(笑)。まあ私もそのくらいしか覚えていないので、他人のことは言えないですが…。

牧野　算数、好き?

長男　ほかの科目より好き。

長男は下の子で、上に十二歳の女の子がいます。女の子は文系に進むことが多いようですが、少なくとも数学嫌いにならないようにしたいと思って、小さいころからなるべく数学関係の面白い話をするようにしていました。円周率の話もそうだし、「世の中にいちばん大きい数はないんだよ、どの数にも一を足せるから」とか。そのせいか、今でも抵抗なく数学をやっています。女の子は数学をやらないという世間のイメージがなんとなくありますが、そうではなく自分でちゃんと道を見つけてもらえたらと思っています。そのうえで文系に進むならそれはそれでいいのですが、せっかく私みたいな親のところに生まれたのだから、数学の面白さがちょっとは分かってもいいだろうと。そうやって子どもと接するようにしています。

▼子どもへの数学の教え方には工夫をしたいという。

学校で数学を習う状況と、実際に数学を使う状況とがかけ離れていると思うことがあります。習っているときに「なんでこんなことをやるのか分からない、こんなもの役に立たないよ」と思いながらやっている学生は多いのではないかと思います。それはもったいない。

私はコンピュータから入ったので、たとえば微積分だとかサイン・コサインだとかが、どういうところで使われるかを知っていました。それで抵抗なくいろいろな概念が学べたのですが、みんなはそこがなくて、「サインというものがあってね」といきなり概念が天から降ってくる。それでは面白くありません。そこをもっと面白くする方法はきっとあるだろうし、子どもにもそうやって教えられたらと思っています。

▼とはいえ「円周率本」は、円周率が何に使えるかを全然アピールしていない。

そうですね、まさに天下りの権化みたいな本ですね(笑)。天下りに「3.14の続きは教えません」と授業で言われたことに対する私なりの反抗だったのかなとは思います。それが結果としてそういうものになってしまった。矛盾しているところはありますね。

子どもには、こんなに計算しても役に立たないというのはちゃんと教えています(笑)。「スペースシャトルを作るときは3.1416で計算したんだって、そこまであれば十分らしいよ。でも、理想の円周の長さを計算すると、ここまで計算することができるんだよ」と。どこまで分かっているのか分からないですけどね。

▼最後に、「円周率本」の読者へのメッセージを伺った。

こういう本に興味を持ってもらえるのはとても嬉しいことです。数学のある一つの側面に、こういうかたちで触れてもらえるのはいいことだなと思います。でも、これはあくまでも数学の奇妙な一部分、数学の面白さの氷山の一角を変なところから見たものでしかありません。これをきっかけにしていろいろ疑問を持ち、調べていったり発展させていってもらえればと思います。それはもちろん、数学への興味でもいいし、そうでないほうへの興味でもいい。そういうきっかけになるのならすごく嬉しく思います。

[二〇一七年一〇月三一日談]

牧野貴樹

まきの・たかき

2002年、東京大学大学院理学系研究科情報科学専攻博士課程修了。2005年、東京大学総括プロジェクト機構学術統合化プロジェクト特任助教。2011年、東京大学生産技術研究所最先端数理モデル連携研究センター特任准教授。2014年より現IT企業勤務。

8

戸村浩氏にきく（造形美術家）

数理造形はブドウ酒の味がする

本章では、造形美術家の戸村浩氏にご登場いただく。戸村氏と言えば、『数学セミナー』や『美術手帖』（美術出版社）などの雑誌の愛読歴が長い読者にとっては「トムのページ」「TOM'S FINGERS」でお馴染みである。連載の経緯を含め、氏の美術や数学への想いを那須塩原にある戸村氏のアトリエで伺った。

美術と科学

▼子どもの頃はものづくりと自然が好きだった。

担任の先生に「絵がうまいね」と褒められ、万年筆を貸してもらって絵を描かされていました。また、校長室に行かされて校長先生を描かされたりもしました。美術の世界へ進んだ人は誰しも似た経験をしているとと思います。絵以外では、釣りや河原で潜るなど、自然と接した遊びをしていました。

▼科学に興味を持つきっかけは自身の戦争体験である。

私は日本人ですが、中国の天津で生まれました。侵略者としての日本人の問題、戦争の問題。科学の力によって兵器ができて、それが戦争に使われる。これはおかしな世界だという考えが根底にあります。この戦争体験から、星にしろ魔方陣にしろＳＦにしろ、科学に関するありとあらゆるものに興味を持つようになりました。

▼数学に対する原初体験は、小学生の頃である。

私には兄がいて、兄から「一から一〇〇までの数を足したらいくつになるか」と問われたのです。ガウスの逸話が有名です。当時私は小学生でしたが、なんとか式をつくって解答したのです。これは面白かったですね。たったそれだけのことでしたが、この頃からそういう考え方をするのが好きだったのです。

▼それでも、算数や数学は得意ではなかった。

病弱でよく学校を休んでいました。休むと、授業になかなか追いつけない。そういう意味で数学はダメでしたね。

▼しかし、科学的に考えることは好きだった。

中学生のとき工作の延長として、五種類の正多面体を作って職員室に持っていったらビックリされました。当時は、まだ立体的な幾何学に関心を持たれていませんでした。

実は、中学生くらいから絵を描く合間に書き溜めたメモがあるのです。これらのメモは、数学そのものとは言い難いのですが、科学的な考察を含みますので当然数学が入ってきています。たとえば、立体の構造とは何だろうかと考えたり、中心を持った空間の考察とか、建築で考えると1＋1＝3の構造もありうる、とか…。時には「TYPOEM」と名前を付けてタイプライターを用いた形象詩（コンクリート・ポエム）も作りました[図8-1]。こういうメモを保存して寝かせておいて、ある日見返したりすると新たな発見があります。本当は大量にあったのですが、みんなが見たいというので貸したところ、今ではほ

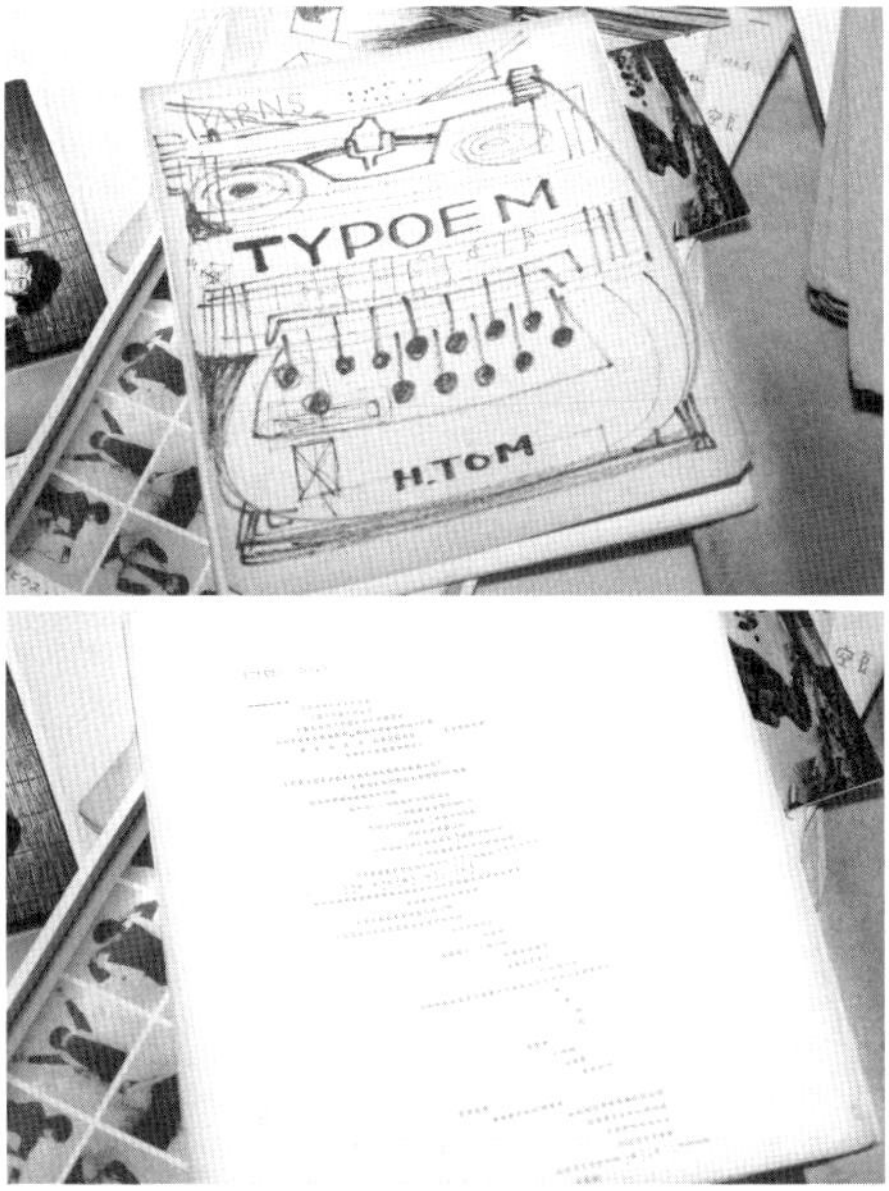

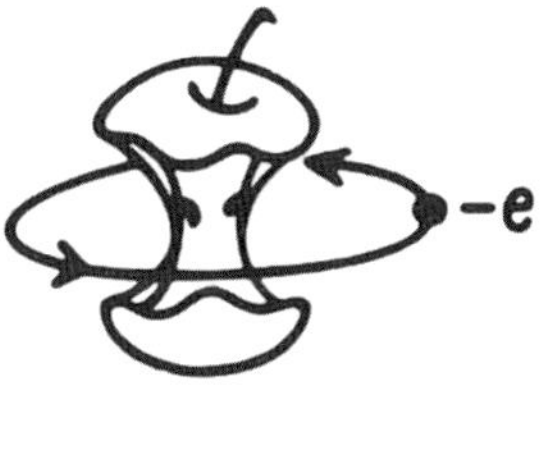

上2点｜図8-1「TYPOEM」の一部
下｜図8-2　かじったリンゴ（1960年）。学生時代に原子物理学のレポートの表紙に綴ったマーク。「古典力学から量子力学へ」という副題がついている。戸村氏は、何か新しい概念を潜めることができた作品にこのマークを付けることにしているという。

とんどなくなってしまいました。

▼「絵を描きたい」と、美術の道に進んだ。

ただ、親には「それでは食えない」と言われて、デザインのほうの勉強もして、その過程で、「バウハウス」や「構成」に出会ったのです。筑波大学の前身の東京教育大学に「構成科」というものが日本で初めてできたのです。高橋正人先生が作られたのですが、定員が一〇名ほどでした。病気で勉強を何もしていませんでしたから当然浪人しました。

その浪人中は東京教育大学での授業を聴講生として受けていました。また、先生のご自宅でも構成教室をやっておられたので、「もう来なくていいよ」と言われるまで通いつめました。

▼その時その場所で、なるべく偏らないようにいろいろなものに影響を受けてきたという戸村氏。その中でも一番大切にしているのは音楽だという。

最初に音楽を意識したのはデューク・エリントンで

あり、ミュージカルオペレッタです。ジャズ以外にもありとあらゆる音楽を聴いていて、フランク・ザッパやローランド・カークのアルバムはたいがい持っているつもりです。学生時代はジャズ喫茶で音楽を聴きながらメモを描いていました。音楽を自分が聴くという側面もありますが、作っている作品に聴かせるという側面もありました。そういう気持ちで聴くようにしながら今でも制作をしています。

「トムのページ」と「TOM'S FINGERS」

▼高橋正人氏に師事した後、戸村浩氏の美術家としてのデビューは今からおよそ六十年前、一九六一年の『美術手帖』(美術出版社)である。

下北沢の「マサコ」や新宿・渋谷のジャズ喫茶で音楽を聴きながら、数学的な造形についていろいろ書いたりしていました。この研究を形にしたものを構成やデザイン教育で知られる真鍋一男先生にお見せしたら、真鍋先生の連載に載せてくださったのです。「TOM CUBE」と言って、たまにルービック・キューブの元祖だと間違えられているものです。でも、こちらのほうが当然古いです。

一九六五年に『美術手帖』四月号増刊「特集・おもちゃ」への執筆依頼が飛び込んできました。各界の有名作家が遊びの哲学のように「おもちゃ」について語る特集で、私は「立体に構造があるならば、平面にも構造がある」と『平面構造のマジック』というタイトルで投稿しました。この初原稿が以後の活動の契機となりました。

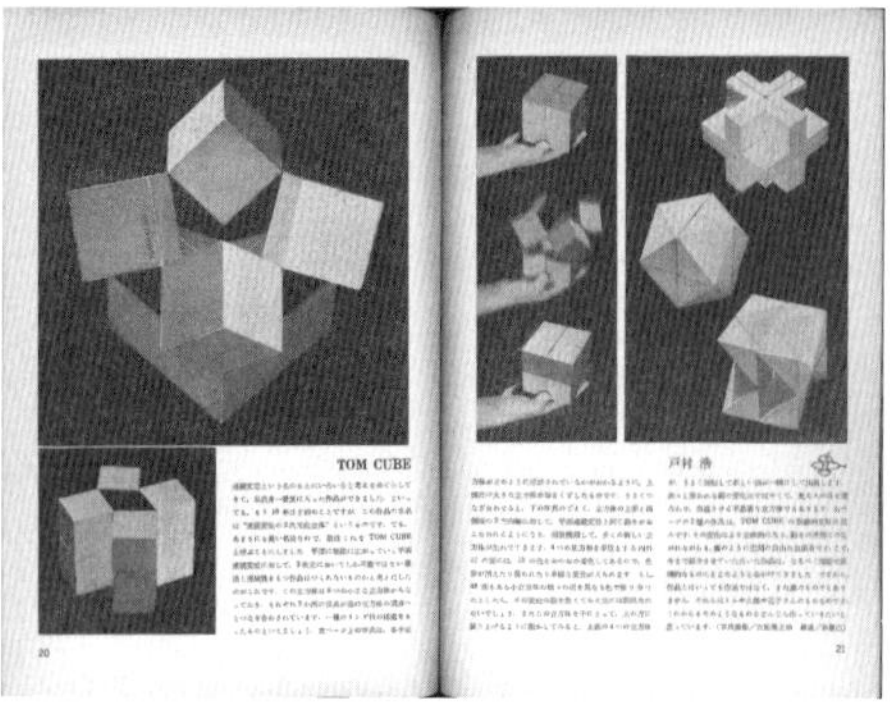

図8-3　TOM CUBE（『数学セミナー』1971年9月号「トムのページ」より）。正式名称は「連続変位の三次元化立体」。頂点でつながれた八個の立方体はさまざまに変化し、次々と一瞬にして新しい面が出現する。

▼『数学セミナー』一九六九年六月号より一九八九年七月号まで連載された「トムのページ」〔図8-3〕。この連載を行うきっかけを作った人物が二人いる。一人は、日本においてインダストリアルデザインを確立させたデザイナーの柳宗理《やなぎそうり》氏、もう一人は、雑誌『数学セミナー』を創刊した数学者・遠山啓《とおやまひらく》氏である。

私は学校を卒業後にパッケージ・デザイン事務所に勤めていて、コンテストで金賞などももらっていました。その後、海外に留学をしようと思って、『美術手帖』の編集者に柳先生を紹介してもらい話をしましたら、「まず、日本代表として、アスペンデザイン国際会議に行きなさい」と言われて、次の日から柳先生の研究所でアスペンに持っていく作品を制作しはじめました。それらを分野の違う先生方に見ていただこうと、東京工業大学に連れていってくださいました。はじめにお会いしたのは建築家の清家清《せいけきよし》先生で「これは遠山先生に見てもらったら」と二人で遠山先生の研究室に向ったのです。遠山先生には大変興味を持っていただきました。

▼「トムのページ」では、時間をかけて考察をして、数学的なかたちとして昇華させるよう心掛けた。

特別なトピックスではなくて、原理的というか、しっかり地に足を着けたようなものを選んでやっていこうと考えていました。基本的には書き溜めたメモを活用してやっていましたが、本も読みました。同じテーマでも一冊ではなく数冊読んでいます。そうしないと制作のオリジナリティーが出せないのです。

現在は、数学は数学、美術は美術と、分野ごとに細分化してしまっていますが、当時はいろいろなところで、分野・世代を問わずお互いの交流がある時代でした。これは、私にとってとても幸いなことでした。「数学」だけを考えるのではなくて、いろんなことに対して、なるべく日常生活に近いところで考え方をちゃんと見つけ出したい。そういうことをすべきだという思いが当時からあったからです。

▼戸村氏はその後、『美術手帖』でも同様のコンセプトの連載を始める。

『数学セミナー』を見ていた『美術手帖』の人たちから、こちらでも連載をしてほしいと言われました。時代は一九七〇年代で「コンセプチュアルアート」が隆盛を誇ったときで、「現代美術は言語である」と言われたりもしていたのです。ですから、当時の『美術手帖』

は文字だらけでした。それだけではだめだということで、私みたいな人が起用されたのです［図8-4］。
▼『数学セミナー』の「トムのページ」は全二三四回、『美術手帖』の「TOM'S FINGERS」シリーズは一九七二年に開始され全一〇二回という長期連載となった。
数学の雑誌と美術の雑誌、二つの連載を同時並行でやっていました。私のやり方は、ただ作品を作って学者か評論家に論じてもらうのではなく、作者自身が必ず一文を添えることです。そうすることで、「考えること」と「作ること」、「数理」と「美術」、「理性」と「感性」、「理系」と「文系」とが一体化す

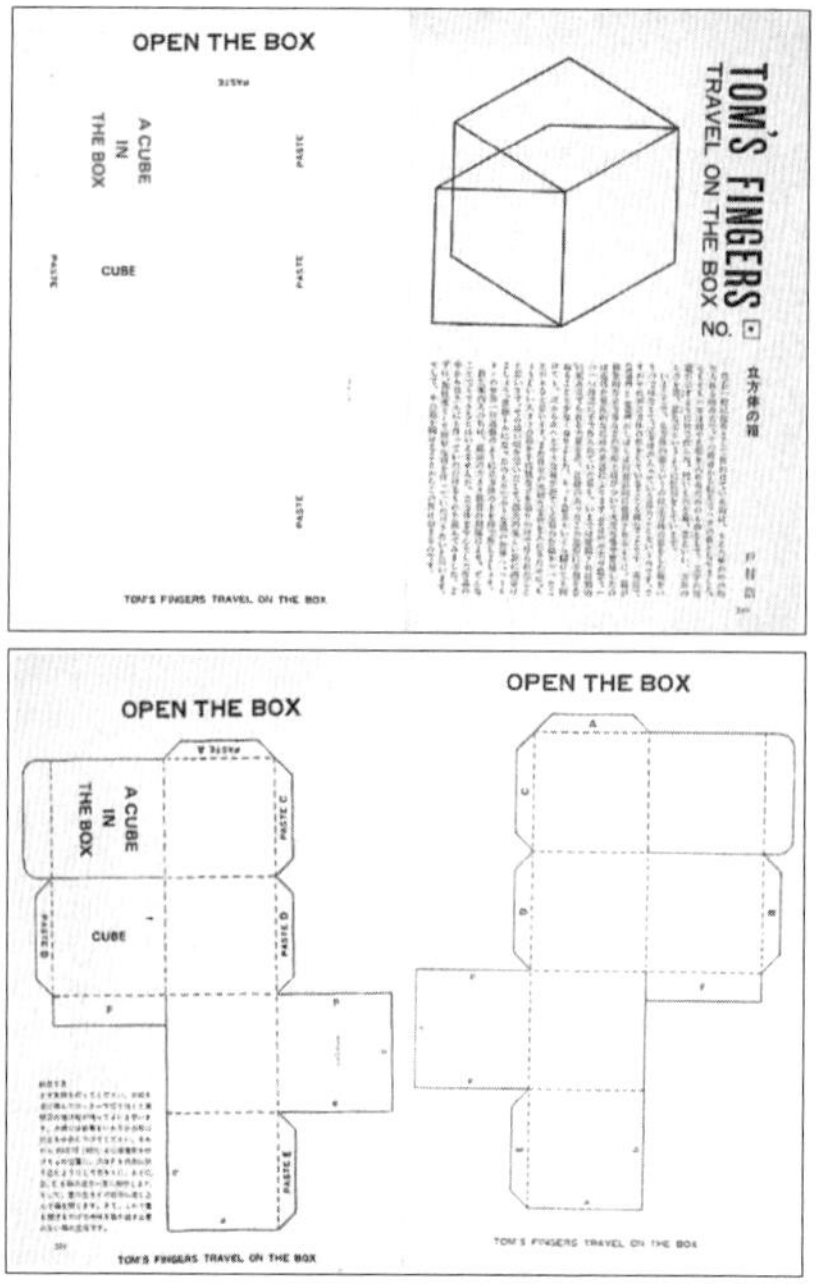

図8-4『美術手帖』(美術出版社)に連載された「TOM'S FINGERS」シリーズ(1972年6月号〜1980年12月号まで全102回)。

図8-5　MOVE FORM。もとは三角形や四角形などに折りたたまれているが、上手く立体的に展開することにより、星型や多角形、円筒などさまざまな形となる。

る。これはすごいことです。

私は、言葉がそこにあるならば、その量と同じぐらいの実物がなければいけないと考えています。また逆にここに一つの物があるなら、その量と同じ量の言葉がなければと思います。これら二つの連載は、毎月二回個展を開き、二回アーティスト・トークをやらねばならないような感覚でしたが、中学時代から書き溜めたメモなどが役に立ちました。

数学的な造形の数々

▼戸村氏の代表作と言えば「MOVE FORM」である［図8-5］。公開は一九六九年の東京・日本橋「南画廊」での「METAMORPHIC PLAY I」という、動きと変形の作品発表の個展においてであるが、プロトタイプの考案は一九五九年だという。これを考え始めたきっかけはトポロジーだ。

形や大きさや属性にこだわらず、ものの本質を突き止める動的なトポロジーの考えは、美術・芸術の世界でも大変重要ではないかと考えた展示でした。その実現のためには柔軟な新しい素材が必要です。MOVE FORMは最初は紙で作り、次は変形に強いセルロイドに、しかし燃えやすいので塩化ビニールにと、すごく時間がかかりました。現在はポリカーボネート製です。

▼戸村氏は二〇一九年の春、東京・竹芝の横田茂ギャラリー「東京パブリッシングハウス（TPH）」で「○△□How many」という個展を開催した。（本書132ページの写真の背後にあるのは、展示された作品群の一部である。）

○は正円、△は正三角形、□は正方形が有名ですが、この正の付くものたち以外にもいろいろとあるだろうと○△□の数を数え上げ、そしてそれらを同等に扱った構成的絵画を発表しました。今までの構成の概念を覆す、新たな次なる構成を探し求める試みでした。

▼自分で考えることが重要だ、と強調する。

柳宗理先生も「手で考えることが重要」とおっしゃっていますが、私も、原理に手でふれて頭の中で考えの組み立てがちゃんとできてから具現化することにしています。直観的にひらめいてすぐ形にしたり、書いたり、手を動かしてしまうと、誰でもやるような凡庸なものになってしまうことが多いです。『基本形態の構造――立方体はブドウ酒の味がする』（美術出版社、一九七四年）にも書きましたが、アイデアをブドウ酒のように寝かせるわけです［図8-6］。寝かせた結果、もし他の人が同じようなことをやっていたら、それは止めなければいけないと思っています。考えついてじきに作ってしまったらだめなのです。

経験したうえで経験にたよらない

▼戸村氏が重要視してきたのは、変動する構成主義である。

私は私なりの考え方で進めましたが、構成というのは、物事のいくつかの要素を一つのまとまりとして組み立てるということです。数学でも構成主義の勃興があったと思います。哲学用語で言えば、構成とは経験に頼らず、概念や形式やイメージなどを操作して組み立てることです。

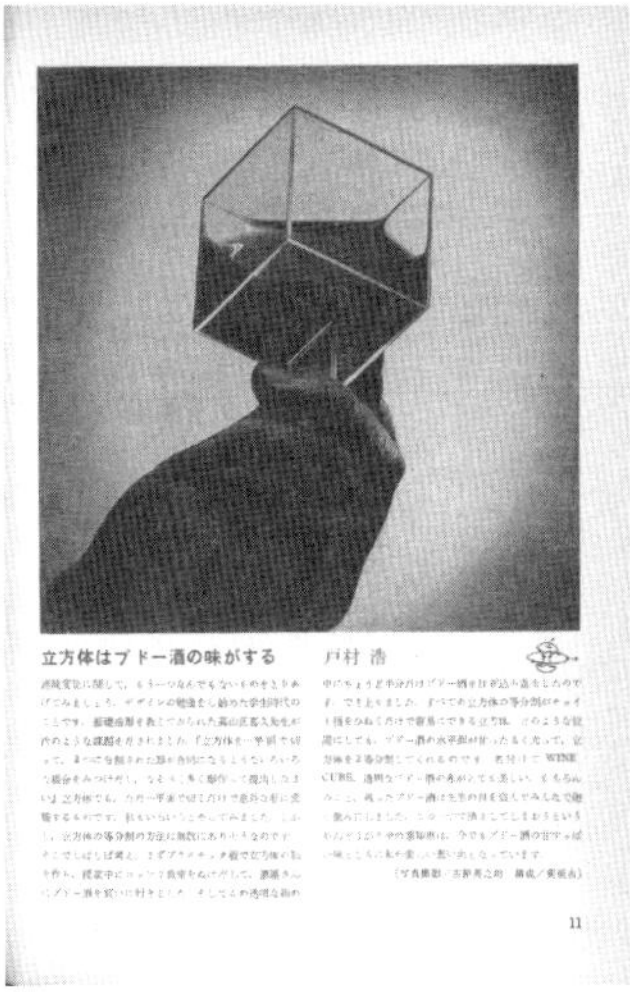

図8-6 WINE CUBE（『数学セミナー』1970年11月号「トムのページ」より。副題は「立方体はブドー酒の味がする」。）透明のプラスチックの立方体容器の中に、ちょうど半分の体積のワインを入れたもの。立方体の平面での二等分をすべて目で見ることができる。

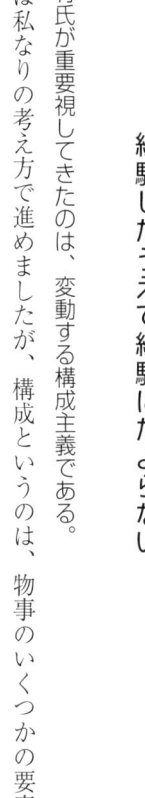

日本でも構成教育が盛んになり「概念壊し」という言葉がはやりました。経験のない実体は壊しようがありません。しかし経験は経験でも、原理に手がふれるような経験であれば、それが一つだとしても、どんな経験でも新しい次なる経験に繋がっていきます。いろいろなものを経験した上で、経験に頼らずに作るのが、本当の意味での構成ではないかと思っています。

［二〇一九年八月七日談］

戸村浩

とむら・ひろし

1938年、中国・天津生まれ。桑沢デザイン研究所インダストリアルデザイン専攻科卒業。パッケージ・デザイン事務所を経て、1965年に財団法人柳工業デザイン研究会の柳宗理に師事。1970年に柳工業デザイン研究会を退社後、造形美術家としての自由活動に入る。著書に、『基本形態の構造』(美術出版社)、『時空の積木』『次元の中の形たち』(いずれも日本評論社)などがある。

9

山﨑憲久氏にきく（木工職人、積み木インテリアギャラリー）

多面体木工という数学

本章では、山口県萩市で活動する木工職人・山﨑憲久氏にお話を伺う。「積み木インテリアギャラリー」という店名を掲げ、現地とインターネットとで販売している木工作品の多くは、木で作った精巧な多面体だ。このような活動をされるに至ったきっかけや、多面体を木で作る難しさ、面白さについて、工房のあるご自宅でお話しいただいた。

試行錯誤の多面体作り

▼山﨑氏の多面体作品は、立方体の木片から、特製の工具を使って作られている。

これが私の、唯一と言ってもいい道具です［図9-1］。細かい作業をするために、機械を自作しました。

多面体の木工を始めたころに作り、それから十五年以上ずっと使っています。この機械は、金属のボールの敷かれたテーブルをスライドさせて、それに載せた木片を電動の鋸《のこぎり》で切るものです。大きな工場で使う似たような機械はモーターが強力なのですが、小さなものを作るときは手元が近く、強力だと危ない。それで、グラインダー(電動の鑢《やすり》)のモーターを取り付けて使っています。これは負荷がかかると止まるので安全なのです。

図9-1　特製の工具「CUBE CUTTER ver.1」。左奥に鋸の歯がある。

▼多面体を作り始めた経緯は興味深い。当時、山﨑氏は山口市内で、住宅メーカーの下請けである木材の加工会社に勤めていた。

木材の会社では、余った材料がたくさん出ます。たとえば四メーターの柱から三メーターとったら一メーター余り、残りは短すぎて使えない。それをなんとかしようと発案した上司がいました。「余ってるもので何か作って、日曜日に売ってみようや」と。二〇〇〇年当時、私の仕事は住宅の外壁の加工で、木と触れあう場所ではなかったのですが、やってみることにしたのです。

柱の切れ端の立方体と、こういう道具がたまたまありました〔図9-2〕。これは木を45°に切る道具です。ここに置けば、45°に切れる。たとえば額縁の角や、庭に置くラティスの縁などは45°になっていますが、そういうものを加工するための道具です。それを使って、立方体の稜(辺)をみんな切ってみました。セットした道具は動かさないまま、十二箇所を切る。するとこういうものが偶然できた〔図9-3〕。これをお店に出したら、「綺麗だから売ってくれ」というひとがいて、こっちがびっくりしました(笑)。

▼当初は、多面体を作っているという意識はなかったという。

あるとき、お客さんから「これは多面体だね」と言われました。多面体という言葉は聞いたことがありましたが、これが多面体だとは思わなかった。それで、作った多面体がどんなものなのか調べようとしたのですが、どこにもその絵が出てこないのです。「切頂八面体」という似たような形は見つかりました。でも面の形が違うし、面数も違う。これは十八面、切頂八面体は十四面です。

そこで、多面体の研究をしているいろいろな方に問い合わせ始めました。「これは何という形でしょうか」と。多くの方の反応は、「惜しいねえ、この面が正六角形だったらよかったのにねえ」といったものでしたが、「これ面白いね」と言ってくださったのが、佐藤郁郎先生(宮城県立がんセンター)でした。佐藤先生のネット上のコラムで多面体が取り上げられていたので、問い合わせ先にメールを送ってみたら、返事が来たのです。「自分にもわからないけども、研究してみたい」と言ってくださいました。

▼そうして佐藤氏との共同研究が始まった。

佐藤先生が、「立方体とこの立体で空間充填ができる」とおっしゃったので、「なんですか、その空間充填というのは」とびっくりしました。「一種類で空間充填できる(三次元空間に隙間なく敷き詰められる)多面体には、菱形十二面体や切頂八面体などがあるが、これは二種類で空間充填できる」と教えていただきました。

この立体での空間充填の性質を調べるために、もっと深く稜を切ってみたらどうかということになり、正方形の部分がなくなるくらいまで切ってみました。そうすると、菱形十二面体になるのです。空間充

上|図9-2　CUBE CUTTERに45°に切る道具をセットしたところ。左上に立方体を置くと、稜が45°に切れる。
中、下|図9-3　最初に作った多面体(中)。立方体の12の稜を同じ深さで45°に切ったもの。これをたくさん組み合わせたインテリアも販売されている(下)。立方体とともに空間充填する様子も見てとれる。

填の性質としては菱形十二面体の仕方と一緒だということがわかったわけです。

▼これ以外の多面体も作るようになった。

佐藤先生から、「切頂八面体を作ってみないか」と言われて困りました。立方体の稜ではなく、角を切らないといけない。角を切るには、立方体を面以外のところで立たせないといけない。木工ではとても難しいことがわかったのですが、試行錯誤でやり方を考えました。先ほどのように稜を45°に切ったうえで、切ったところを下にして切ればいい。でもその角度は45°ではありません。この角度は最初は手探りでやったのですが、あとから佐藤先生に計算してもらい、正しい角度でもう一度作り直しました[図9-4]。

▼佐藤氏との交流は今でも同じように続いている。

「こういう立体を作りたいんだけど」と佐藤先生から頼まれたり、私の方から「この立体はどういうふうに作ればいいかな」と尋ねたりします。私が尋ねるのは主に、立体の二面角が何度になるかとか、厚みがいくらになるかとかいったことです。一般に立体のサイズを言う場合には、「正五角形の一辺の長さがいくら」といった表現をすると思うのですが、木工では、辺の長さは測りにくい。ノギスが当たらないからです。

▼こうして多くの多面体の作り方を試行錯誤で考えた。とくに面白い作り方になったのが、正十二面体だ。

最初に作った多面体の作り方で、立方体の稜を切る角度だけ45°から変えてみたところ、五角形が十二面ある多面体ができました。正十二面体と個数が一緒なので、「最初に切る角度をもっときつくすれば、ひょっとしたら……」とやってみたら、正十二面体ができました[図9-5]。私にとっては、最初に作った多面体と正十二面体は親戚なのです。角度が違うだけだからです。

佐藤先生から、「正多面体というものがあるから、作ってみたらどうか」とお題をもらってはいたのですが、こういうやり方でできるとは想像もしませんでした。

上｜図9-4　図9-2のような道具が、45°以外の角度でもたくさん用意されている。

中、下｜図9-5　傾きが黄金比になる角度で切れる道具をセットして(中)、立方体を12回カットすると、正十二面体になる(下)。

多面体作りの普及活動

▼こうして考案した多面体の作り方のノウハウを、本にすることにした。

たとえば正十二面体なら、古代中国のサイコロなどが残っているので、作ったひとはいるはずなのですが、作り方が残っていません。ユークリッドの『原論』には、立方体の面に屋根をかけて作る方法が出ていますが、これは接着が必要になって木工では不格好になる。私の作り方はどこにも書いていないから、後々のひとのために書き残したいと思い、佐藤先生と『多面体木工』を自費出版しました。また、誰にも知られずに終わっては困るので、日本中の図書館に配りました。私が死んでもきっと誰かがやってくれるだろう、と。当初刷った五百部はすぐになくなったのですが、その後、東北大学の川添良幸先生が、自分が理事を務めているNPO法人から出させてくれとおっしゃって、増補版を作ってもらいました［図9-6］。

▼この本には英語版もある。

インターネットで私の多面体作品を見たらしいアメリカの方から「多面体の作り方を教えてくれ」「英語の本はないか」と熱心な問い合わせがあり、「では英語版を作るか」と。翻訳会社を探して翻訳してもらい、そのアメリカの方にネイティブチェックをやってもらいました。出版費用はNPO法人が出してくれました。

実は私の作品を注文されるのは、七割が海外の方です。正多面体のセットをクリスマスのプレゼントにしたりするそうです。日本では考えにくいですが、そのような文化があるのですね。

▼木の多面体を学校に配布する活動も行っている。

思い返してみれば、数学の教科書に正多面体が載っていた気はしますが、記憶に残っていませんでした。当時の教科書を見返すと、「五つありますよ」と図が書いてあるだけ。だからほとんどのひとは記憶にないでしょう。そこで、実物を授業に持ち込んで使ってもらえたら、記憶にも残るだろうし、作り方を考えてもらうのも面白いだろうし、と考えて、中学校に配り始めました。地元の山口県の全中学校と、佐藤先生の地元である秋田県の全中学校にひとつずつ。また、(佐藤氏と交流のある)秋山仁先生(東京理科大学)にお願いして、東京でも配ってもらいました。そこから秋山先生ともお付き合いが始まっています。

▼その後、木材の加工会社を辞めて、山口市内から萩に移り、今の仕事を始めることになる。

塗装用のシンナーで体を悪くして、続けてはダメだなと思ったのも辞めるきっかけのひとつでしたが、二足のわらじが難しくなってきたこともありました。

勤めながらやっていたころは、若かったのですね。自分で苦労して作り方を考えたので、作ること自体が楽しくて、あまり疲れも感じずにやれたのでしょう。学校に配る多面体を作るのも、休みの日などにやっていたのですが、さすがに年をとってきてそれができな

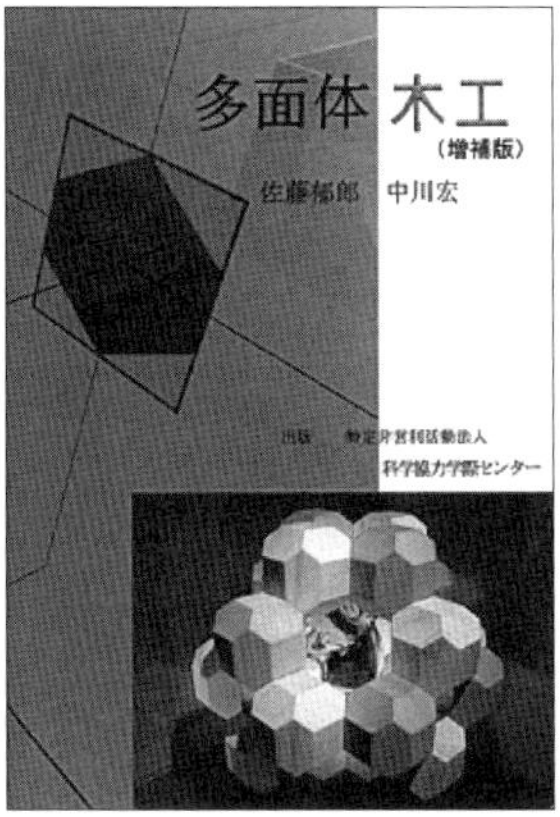

図9-6『多面体木工』増補版。

くなりました。

多面体を作るには、精度をかなり上げないとうまくできません。面数の多いものを作ろうとすると、誤差が積もり積もってどんどん合わなくなり、最後に正多角形になるべきところがそうならなくなったりする。手に載るくらいの大きさの多面体では、〇・一ミリの精度で作らないとうまくいきません。厳しい精度が要求されるので、根を詰めないとできないのです。

木工からの新発見

▼精密に作った多面体は、数学的な発見を生む。

佐藤先生から、正多面体以外にも、準正多面体やカタランの立体、ジョンソンの立体など、いろいろな多面体があるのを教わりました。ジョンソンの立体は九二番まであり、作ってみろと言われたのですが、私は「綺麗だな」と思わないと作りません。ジョンソンの立体は、正多面体を切り取ったものなど、いびつなものが多いのです。ただ、ジョンソンの立体のなかで綺麗だと思ったのが、九一番という名前がついているものです。均整がとれていて、綺麗です。最初三つ作って、何気なしに組み合わせてみたところ、「あれ? ひょっとしてここにぴったり正十二面体が入るんじゃないか」ということに気がつきました［図9-7］。けっきょく、ジョンソンの立体九一番と正十二面体に、立方体を加えると、三種類で空間充填ができるのです。宮崎興二先生（京都大学名誉教授）にお知らせしたところ「そんなことはないんじゃないか、正十二面体が入った空間充填なんてありえん話だよ」と言われたのですが、ご自身で試してみられて「ほんとだ」という話になった。「奇跡の空間充填だ」と言ってくださいました。

▼別の発見の例もある。

佐藤先生から、空間充填立体をいろいろ考えてみよう、と提案されました。切頂八面体は単独で空間充填するということがわかっています。そこで、切頂八面体を分割したものも空間充填立体になるだろうと考えて、正方形の面を田の字に切ってみました。切頂八面体の二四等分になります。これをたくさ

図9-7 ジョンソンの立体91番(上)を3つ組み合わせると、隙間に正十二面体が入る(中)。たくさん組み合わせると、正十二面体·立方体とあわせて空間充填できる(下)。

ん作って遊んでみたら、九六個組み合わせると、別の空間充填立体である菱形十二面体になることがわかりました［図9-8］。

そこでさらにこれを半分に切ってみました。そうすると左右が鏡像になる立体になりますが、十二個で立方体ができる。三種類の空間充填立体ができるのです。これらは平行移動だけで空間充填できる立体で、平行多面体と呼ばれています。平行多面体は（アフィン変換でまとめれば）五種類あって、切頂八面体、菱形十二面体、立方体に加えて、六角柱と長菱形十二面体ですが、そのうち三種類ができた。これを佐藤先生が秋山先生にお知らせしたところ、秋山先生が「どういうことだ」と山口県までわざわざいらっしゃった。秋山先生はちょうど、四種類の立体を組み合わせれば五つの正多面体すべてができるということを考えていらしたのです。いろいろ考えてくださって、六角柱と長菱形十二面体もできるということがわかった。そして、「ペンタドロン」という名前をつけられたのです。

これも、実際に作ってみればわかることがある、という一例です。いまはＣＧなどが発達して、それを見ればなんとなく立体的に理解できた気にはなるのですが、実はそうではないのではないかなと思っています。

▼とくに切稜[*1]は実際に立体を作らないと理解が難しいという。

頂点を切る「切頂」はわりあいわかりやすい。たとえば正四面体を面の中心まで切頂すると、また正四面体になります。ところが、正四面体を切稜するとどうなるか、稜を切る三平面がクロスするところで何が起こるのか、ふつうのひとにはわからない。私は見慣れているからわかってきましたが、そうそう理解できることではないと思うのです。じつは、正四面体を切稜すると、立方体ができる。これは石井源久さん（株式会社バンダイナムコスタジオ）が考えられたそうです。立方体を切稜すると菱形十二面体ができるのは知っていたわけですが、正四面体は考えたことがなかった。驚きました。

切稜を数学的に考えようとすると、多面体を「面」と捉えるのではなく、「塊」と捉えられないといけ

図9-8　切頂八面体を24等分したパーツで菱形十二面体を作ったところ（上）。皮を剥くようにしてみると、切頂八面体がちょうど中央にあることがわかる（中）。そのパーツを半分にしたものがペンタドロン（下）。

＊1　立体の稜を切ることを表す一般的な術語はもともとなく、山崎氏が「切稜」を造語したという。「『面取り』ということもできますが、日常用語のようになってしまいます。私が子供のころは、立体の『辺』ではなくて『稜』と言っていました。頂点を切るのは『切頂』だから、『切稜』がいいのではないかと考えたのです」。いまでは「切稜」は成書にも使われる用語となっている。

ないと思うのです。面だけで考えると二次元ですが、中身を考えると三次元。三次元立体として考えないと切稜というのが位置づいてこないのではないかなと。木工は塊を扱うので、切稜と相性がよい。切り出してみないとわからないことはたくさんあり、実際それでわかったことがいくつもあります。物理だと「理論物理」「実験物理」という言い方がありますが、幾何学でも、「理論的な幾何学」「実験的な幾何学」という考え方をしてもいいのではないか。木工はその役に立つのではないか。最近そう思います。

正五角形の作図の思い出

▼山﨑氏の子供時代はどんなものだったのだろう。

数学が好きということはありませんでしたが、工作は好きでした。祖父や叔父が大工で、金槌とか鋸とか鑿《のみ》とか、要らなくなった大工道具をあてがってくれて、好き勝手に遊んでいました。一番最初に作った木工のものは、複葉機の模型です。ライト兄弟の伝記を読んで、複葉機のイラストを見て「かっこいいな」と思い、母親からもらったかまぼこ板二枚を竹ひごでつないで模型を作って、部屋の天井から吊るしていました。

中学・高校で習った数学は、もうほとんど覚えていません。微分とか積分とか、三角関数も忘れてしまいました。今も使うことはありません。唯一使えるのは三平方の定理だけです。

▼ひとつ、鮮明に覚えている数学の経験がある。

小学校五年のとき、正六角形をコンパスと定木で作図するという授業があったのですが、担任の先生が「正五角形もコンパスと定木で描けるんだよ、興味のあるひとはやってみなさい」とおっしゃったのです。それで一生懸命に、たぶん一週間くらい頑張ったと思います。今ならインターネットで調べれば小学生でも簡単にわかりますが、当時はネットはない。ともかく試行錯誤です。いろいろやってみたけれど、できませんでした。

正十二面体を木工で作ったとき、その悔しさが残っているのを思い出しました。「そのときできなかった正五角形を、自分は十二個もいっぺんに綺麗に作ったんだ」と。しかもやり方は、わかってみれば簡単、すごくシンプル。ただ一つの角度にセットして、回して切るだけです。楽しくてしょうがなくなりました。その後、正十二面体だけで一万個くらいは作っていると思いますが、何度作っても不思議な気持ちになります。

今では、なぜそれで正十二面体ができるのかはわかっているのですが、作るたびに、不思議だ、綺麗だという気持ちが起こるのです。

小学校のときの先生が算数の授業で言ってくれたことばが心のなかに残っていて、今があるのかなという気がします。

▼今では多面体に限らず数学を楽しんでいる。

最近、和算の問題を解くのですが、本当に根気がいります。一問解くのに平気で一週間かかるものがあったりする。江戸時代のひとは、それを地道にやって、解けたら「ああ嬉しい」と思い、算額を飾りたくなったんだろうな。そう思えました。数学はそうやって、楽しめればいいのではないかと思います。

［二〇一九年五月三〇日談］

山﨑憲久

やまさき・のりひさ

1958年兵庫県生まれ。2013年に古民家を改装して積み木インテリアギャラリーをオープン。地域おこしのために工芸品なども製作する。春夏はツバメに宿を提供し、その知られざる生態解明に挑んでいる。共著書に『多面体木工』(中川宏名義、NPO法人科学協力学際センター)、『街角の数学』(共著、日本評論社)がある。

付録 appendix

A

数学出身のプロ棋士・広瀬章人氏が語る

（棋士、日本将棋連盟、八段）

将棋、数学の魅力、そしてコンピュータ将棋の影響

二〇一七年、コンピュータ将棋ソフトと人間が対局する「第二期電王戦」が行われ、コンピュータ将棋ソフト「ponanza」が佐藤天彦名人を下し、人工知能（ＡＩ）は新たな局面を迎えた。将棋ＡＩにはもちろん数学が関わっているが、実は将棋の世界にも数学出身のプロ棋士がいる。本章では、早稲田大学数学出身の広瀬章人氏に、学生時代の思い出や、コンピュータ将棋に対する印象などを伺った。

数学と将棋を始めたころ

▼広瀬氏が将棋に興味を持ち始めたのは、小学校に入学する直前だという。

プロになる方々は、気づいたら将棋を始めていたということが多いです。私の場合は父が有段者で、二つ上の兄と一緒に将棋教室に通いだしたのがきっかけです。五〜六歳くらいだったと思います。最初は、習い事の一つのような感覚でしたが、夢中だったのは間違いありません。将棋を始める前はパズルを解くのに夢中だったようで、将棋もそれに近いところがあったのだと思います。

▼小学校へ入学すると、将棋の大会に出始めたという広瀬氏。将棋が強くなり出したのは小学四年生のときではないかと推測する。

小学生時代にどの程度強くなるかが、プロになるためのカギだと思うのです。たとえば、ずっと勝てなかった人に、あるときから勝てるようになるというのは、一つの判断基準になります。自分の場合は身近なところに兄というライバルがいて、幼い頃は兄のほうが将棋はずっと強かったのです

［写真提供：日本将棋連盟］

が、自分が四年生で兄が六年生ぐらいのときに、ほぼ同じぐらいの実力になったと、親や将棋の先生に言われていました。

▼プロを目指す気持ちになったのは小学校五年生のことであった。

奨励会[*1]の受験は、将棋を習っていた方に強く勧められたのがきっかけです。当時は、自分が全国的に見てどの程度強いのか分からなかったのですが、奨励会を受験するとなったら、プロになろうという気持ちが強くなってきました。

▼学生の頃は、算数と数学だけは常に得意だったという。

算数や数学は答えがある問題が多い。パズルの影響や、いい先生に出会ったこともあるかも知れませんが、そのことが好き嫌いや得手不得手に影響したのではないかと思います。一方で国語などは、とても苦手でした。

▼当時は、プロ棋士志望の学生が大学へ進学することがあまりなかったという。なぜ、大学進学を決めたのだろうか。

最近は、大学生プロ棋士が多いのですが、自分の世代までは多くはありませんでした。自分も大学に行くつもりはなかったのですが、考えるきっかけを与えてくださったのは高校の先生です。大学に行ったほうが外の世界とも触れられて、きっと良いことがあるだろうということでした。当時は将棋漬けの生活でしたが、考え方が内を向いてしまっていたので少し違うこともしてみたかった。今となっては的を射たアドバイスだったなと思っています。

▼早稲田大学の教育学部理学科数学専修(現・教育学部数学科)へ進学する広瀬氏。数学科への進学はどのようなことがきっかけであったのだろうか。

「数学が得意だった」ということ以外にもいくつかの要因が重なっている。将棋のプロになるための「三段リーグ」[*2]というものがあり、その時期に大学受験が重なったことが一つの理由です。一般入試を受ける余裕はなく、推薦入試を受験したのですが、入れる学部・学科は限られていました。物理など数学に近い分野も考えてみたのですが、理工学部などでは授業における実験や

*1　奨励会(新進棋士奨励会)とは、日本将棋連盟のプロ棋士養成機関。7級から三段までクラス分けされている。三段では後述の「三段リーグ」を行う。満二十一歳の誕生日までに初段、満二十六歳の誕生日までに四段に昇段できなかった場合は退会となる厳しい年齢制限もある。

*2　三段に昇段した人の中で行われる年に二回のリーグ戦により、成績上位の二名が四段に昇段し、年間四名がプロ棋士の資格を得ることになる。

実習で、一日中研究室などへ篭る必要が出てくる可能性があるのではと、高校の先生からアドバイスをもらい、数学科への進学を決めました。早稲田大学以外にも二つの大学を受験して、結果的にすべての大学に受かっていました。その三月に三段リーグも成績上位で通過し、四月一日から大学生兼プロ棋士になったということです。

大学時代は数学で苦労した

▼大学へ進学した広瀬氏は、高校と大学の数学の差に驚いたという。

最初の頃はいわゆる優秀な学生ではありませんでした。そもそも、数学の授業についていくのも大変だったのです。授業を聴いて、その後にレポートなどを書くのですが、高校までの数学とは違って、答えが一つではない証明問題が増え、まるで国語のような感じがしました。ここで、今までの数学に対する認識が変化して、学業に対するモチベーションが下がってしまい、大学一〜二年生のときは途中から授業に行かなくなってしまいました。

▼一念発起したのは、大学三年目からである。

三年生になって反省した私は、一年生に混じって微分積分や線形代数の授業をちゃんと受けるようになりました。毎回授業へ行ってよく聴いていれば、私の頭でもなんとかついていけました。数学の分野や教える人によって、難しさの幅があったと記憶していますが、分かれば結構面白いのだなと感じました。

たとえば、線形代数は近藤庄一先生だったのですが、毎回必ずテストだけを行うという授業でした。第一回目もいきなりテストで、抜き打ちテストみたいな感じでした。合計一定以上の点数が取れれば単位がもらえる授業でしたが、いま思えば不思議なシステムで印象に残っています。この授業は、予習すればできるということが分かったので、最後のほうはその授業が好きになっていました。

▼一年遅れて四年生のときに入ったゼミでは、確率・統計の分野の勉強を行った。

そのゼミを選んだいちばんの理由は、担当の三田晴義先生(早稲田大学非常勤講師、聖心女子大学、インタビュー当時)が将棋好きだったということです。よく将棋の昔話をしてくれて、自分以外の七〜八人はポカーンとしていました。

ゼミでは基本的に、英語の本を取り上げて、一回につき一人、ある箇所を訳して説明するという形でした。自分には難易度が高かったので、先輩などに助けてもらいながら行っていました。ゼミを行っているときは「数学を勉強しているな」という実感がありました。

▼卒業までの単位が足りず、結果的に大学へは六年間通うことになった。

六年生のときに将棋の王位のタイトルを取り、初の大学生タイトルホルダーということになりました。ただ、留年した末の現役大学生ですから、あまり堂々とは言いづらかったです。棋士にとってタイトルを取ることはとても名誉なことなのですが、事情を知っている人は笑いながら褒めてくれるという感じでした(笑)。大学の同級生たちは自分がプロ棋士だと知っていましたし、先生たちの中にも知っている人はいたと思うのですが、大学の事務局などには自分の活動はあまり知られていなかったのではないか

と思います。もしもう少し若い二十歳や二十一歳のときに、ものすごく有名になっていたら、大学生活がどうなっていたかわかりません。

▼大学を卒業し、大学で数学を学んだことが将棋で役立っていることは何かあるのだろうか。

数学的な思考が将棋に通じていることは分かるのですが、それを言葉で上手く説明することが自分には難しいです。「テーマ局面[*3]」というものがあって、この局面でこの一手が成立するかどうかを一生懸命考えることがあるのですが、これは、数学でいう証明問題に似ているところがあります。ひとつの課題をクリアするために、先を見て考えるみたいなところも数学に似ています。

▼大学で数学を学んだことにより、指し方が変わったことはあるのだろうか。

大学に行ったことが直接関係しているのかは分からないのですが、将棋がちょっと大人っぽくなったと感じています。若いときは粗削りで行き当たりばったりみたいなところもあったのですが、多少はマシになったというのは自分でも分かります。

王位のタイトルを取った頃は、「四間飛車穴熊」という戦術をよく使用していて、これがタイトルを取った原動力になったのですが、現在ではこの戦術をほとんど使用していません。大学を卒業したころから戦術が変わって、現在はわりとよくあるタイプの戦術を使用しています。これは、コンピュータ将棋に影響を受けているところもあります。

▼プロ棋士の中で、数学科出身という方は何人かいるという。
田中悠一さん（五段、立教大学理学部出身）や、石田直裕さん（五段、中央大学理工学部出身）もそうだと思います。私もいくつかの大学を受験したのでわかるのですが、数学科や数学専修などには推薦入試の枠が結構あると思うのです。皆さん、数学は得意だと思います。

プロ棋士のコンピュータ将棋の活用

▼コンピュータ将棋の活用が広がった将棋の世界。広瀬氏はどのように活かしているのだろうか。
現在はほとんどの若手棋士が、コンピュータ将棋を活用しています。ただし、使用頻度においてかなり差があると思います。棋士の中では千田翔太さん（六段）が、たぶんいちばんコンピュータ将棋に力を

＊3　公式戦などの対局で現れやすい局面のこと。

入れています。[*4]そういう人もいれば、公式戦の対局が終わった後に気になったところをコンピュータ将棋に聞いてみる、くらいの人も多いと思います。私も活用はしていますが、熱心な人と比べると全然活かせていません。あまり公にはならないのですが、コンピュータ将棋を一切使わない若手棋士もいると思います。

▼広瀬氏の活用法は、先述の「テーマ局面」においてである。

昔の定跡系などもそうですし、そのときどきによってテーマ局面に流行があるのですが、そのパターンをコンピュータ将棋にかけたりすることが多いです。

▼広瀬氏自身は、コンピュータ将棋に全幅の信頼を置いているわけではないという。

われわれ人間が判断する基準とコンピュータが判断する基準は当然違いますよね。たとえば、コンピュータがこの局面は評価が＋二〇〇と言っているけれど、自分はここでこの手を指したら、その後の展開に自信がない、という場合がとても悩ましいのです。つまり、好みや今まで培ってきた対局観があって、コンピュータを信用したいけれど、そこまで徹底できないといった感じです。私より若い世代のほうが、柔軟にあまり抵抗なくこの局面はこれがいいのだと判断する気がします。

▼若い人と対局をすると、コンピュータ将棋の影響を感じることもある。

今三十歳になる自分たちの世代では、比較的じっくり陣形を作ってから戦いが始まるのがセオリーでしたが、最近は陣形がどちらも不安定なうちに仕掛けてくることが多いです。若い人と対局するときは、早く仕掛けてくるのだろうなと思いながらやっています。

▼このような対局に変わり始めたのは、ほんの一〜二年前のことだ。

人間対コンピュータの対戦は二〇一一年くらいから団体戦のような形で続いていましたが、実際にコンピュータの指し手を棋士が指すようになったのは本当に最近の話です。特に、二〇一七年はすごいです。コンピュータが有力とみる指し手を、それに詳しい千田さんのような棋士が指して、それをみんなが真似するというような方程式になっています。そんなに速く仕掛けても簡単に勝てるわけではありませんが、われわれ中堅も、その上のベテランも、若手の指し方に影響を受けていることは間違いありません。

一方で人間同士の対局では、全員がコンピュータ将棋の指し方をしているわけではなくて、古風な将棋を貫く方もいます。それは人それぞれで、かえって古風な作戦のほうが有利だったりもします。

▼コンピュータに指し手を教わって、対局全体が変わっていくことについて、広瀬氏は抵抗がないという。

コンピュータの判断をいずれみんなが取り入れるようになると思っていました。電王戦のときも、最後の方まで人間側に肩入れする棋士がいましたが、私は第二回目の団体戦[*5]のときには「そろそろきついだろうな」と感じていたので、このあたりの抵抗はありません。予想以上に伸びがすごくて、AIの進化は恐ろしいなとそのとき思いました。ただ、「やっても勝てないです」と公に言うわけにいきません

*4　詳細は、『数学セミナー』二〇一七年一一月号「棋士の認識とコンピュータ将棋の影響」（千田翔太、特集・コンピュータ将棋・囲碁のこれから）をご覧ください。

*5　二〇一四年の三月から四月にかけて開催された、第三回将棋電王戦では、豊島将之七段以外の四人の棋士がコンピュータに敗れ完敗を喫した。

でした（笑）。

▼そのような中でも、人間が指す将棋には意義があると語る。

コンピュータは基本的に終盤戦ではミスをしないのですが、人間同士では結構ミスが出るのです。コンピュータの指し方の真似をしても、人間では間違いが起こりやすいことが多いです。

たとえば、コンピュータの指し方は王様と他の駒との関わりが薄くて、流れ弾に当たりやすいというか、すごい良い手をもらったらいきなり負けになることがあります。コンピュータは深くて早くて正確な読みと判断で流れ弾をカバーするところがあるので、王様の周りに相手の駒が来ても一秒で見切ってしまいます。人間の場合は、そこに三〇分や一時間を費やしますし、「こんなに迫られて大丈夫なのか」という恐怖心も生まれますので、そう感じる時点でコンピュータ将棋の真似をするのは危険なのです。

将棋のタイトル戦やトップ同士の対局も行われていますが、棋譜をコンピュータに載せてみると一手一手で優劣の点数が逆転することが結構あります。もともと、将棋は終盤になるほどすごく複雑なゲームなので、間違いが起こりやすい。そのため、コンピュータの指し方をすると、人間にとってはより間違いやすいと、個人的には思っています。パーフェクトに勝ち切るのは、なかなか難しいものです。

▼人間が対局を観る分には、人間同士のものの方が面白いという。

コンピュータ対コンピュータの対局は淡々と進んでいくのでミスはないと思うのですが、それを人間が誰も解説できないのです。コンピュータ将棋の大会では、淡々と進んでいく中で開発者の方が時折歓声を上げながら見ていることが多いのですが、指し手はプロから見ても意味が分かりづらいものが多いのです。でも、コンピュータ同士だと、それもお互いに読み合い、理解し合って、局面が進んでいるのでしょう。

▼広瀬氏は、麻雀を嗜むことでも知られている。麻雀との差は何かあるのだろうか。

将棋は素人がプロと対局したらまず勝てない実力主義のゲームと言われていますが、麻雀は偶然性に左右されるゲームなので、初心者でもプロに勝つチャンスがあります。将棋は、指しながら相手の狙いや指したい手をちゃんと読んで、相手も同じように対応します。「棋は対話なり」という言葉があるのですが、指しながら会話をしているような感じなのです。そこが面白いところでもあります。

将棋と数学の魅力

▼広瀬氏にとって、数学の魅力は爽快感であるという。

高校までの数学が好きだったのは、一つの答えを導き出すために一生懸命考えるところです。将棋で言えば、高校の数学は「詰将棋」に似ているところがあります。詰将棋は駒をたくさん使うにもかかわらず、最後は綺麗にぴったり詰むような問題が多く、解き終わった後に爽快な気分になれるように作られています。数学でも、きれいに因数分解ができたときなど気持ちいい。それと似たような感じです。

指し将棋では、勝ちになったら勝ちになったで終局まで緊張しますし、負けになったら負けですので爽快感はありません。プロなので苦しむのは当然なのですが……数学者の方が、一つの論文を生み出すのに頭を悩ませているという感じでしょうか。将棋の方は、勝っても、どちらかというと爽快感より安堵の気持ちのほうが強いですね。

▼定跡の開発は、将棋の一つの魅力であるという。

将棋には「数学の定理」に近い「定跡」というものがあります。「数学の定理の証明」は、将棋に置き換えれば「定跡が正しいと絶対的に判断できること」だと思うのですが、将棋の場合は、定跡があっても誰かに必ず勝てるわけではありません。最近は、後世に名の残るような定跡があまり生み出されていませんから、数学とは少し違うところではあるのですが、魅力ではあるかもしれません。

▼また、将棋の魅力の一つに必勝法がなかなか見つからないことも挙げられる。

大学時代に、ある数学の先生から「将棋はゲーム理論でいうと情報がすべて開示されているゲームなので、どちらかが必ず勝つ必勝法があるはずだ」と教わりました。それが解明される日が来るのかどうか…。チェッカーが解明され、チェスくらいまでならなんとなく分かりそうな気になるのですが、将棋というのは終盤戦になればなるほど選択肢が広がり、形勢の逆転もみられるちょっと珍しいゲームです。このあたりが、コンピュータでも解明しきれない要因のひとつであるかもしれません。数学としても将棋としても魅力ですよね。われわれプロ棋士がコンピュータ将棋を取り入れているのは、「少しでも勝率を上げるため」という感覚で、「必勝法を探してやろう」という感じではありません。人力では、それが無理なことは分かっていると思います。

プライドを捨てて周りの人に質問をしよう！

▼最後に、数学を勉強しようとしている学生のみなさんへのメッセージ・アドバイスを伺った。

高校によっては、大学の数学について教えてもらえるようなところもあるのですが、自分は知らずに大学へ入学したので、まずは、高校までの数学と大学の数学は全然違うと言いたいですね。大学の数学は「国語」みたいな感じで、文章読解力が重要になってくると個人的には思えました。

また当たり前のことですが、ちゃんと予習復習をしていたほうがよかったなと思いました。最初は不真面目だったのですが、途中からは心を切り替えて、変なプライドを持つのはやめて、分からないことがあったら素直に先生や同級生やゼミの先輩に訊きに行くのが重要だったと思います。

▼そして、数学は集中力と論理的な思考が身につけられるという。

一つのテーマに没頭することは、将棋にとってはプラスの要素になっています。分からないなりに一生懸命考えて、根気強くなりました。また、無意識ではあるのですが、論理的な思考が将棋で活かされているのではと思っています。

［二〇一七年一二月五日談］

広瀬章人

ひろせ・あきひと

1987年、東京生まれ。1998年に6級で勝浦修九段へ入門。2000年初段、2005年4月四段、2007年4月五段、2010年6月六段、2010年9月七段、2014年2月八段。2010年、第51期王位戦で深浦康市王位に挑戦し、4勝2敗でタイトルを奪取。また、2018年、第31期竜王戦で羽生善治竜王を相手に4勝3敗でタイトルを奪取し、初の竜王を獲得した。現在、順位戦A級、竜王戦1組。

著書に、『四間飛車穴熊の急所』(浅川書房)、『広瀬流穴熊 終盤の極意』(マイナビ出版)、『振り飛車穴熊の最終進化』(マイナビ出版)などがある。また、漫画『将棋めし』(松本渚、KADOKAWA・メディアファクトリー)の将棋監修も務めた。

初出一覧

1　数学をゲームに載せるには／山名 学氏にきく（ゲームクリエーター、ジニアス・ソノリティ株式会社）
［『数学セミナー』二〇一七年十二月号］

2　双対図形に導かれて／松川昌平氏にきく（建築家、慶應義塾大学）
［『数学セミナー』二〇一九年三月号］

3　とても似ている脚本と数学／徳尾浩司氏にきく（脚本家・演出家、劇団とくお組）
［『数学セミナー』二〇一八年十二月号］

4　サッカーは人生経験がすべて活かされるスポーツ／岩政大樹氏にきく（サッカー選手・指導者、東京ユナイテッドＦＣ（当時））
［『数学セミナー』二〇一八年七月号］

5　書店から数学を盛り上げたい／布川路子氏にきく（書店員、書泉グランデ）
［『数学セミナー』二〇一九年五月号］

6　数学的思考を活用してビジネスをより豊かに／藤本浩司氏にきく（博士（工学）、コンサルタント、テンソル・コンサルティング株式会社）
［『数学セミナー』二〇二二年六月号］

数学《すうがく》にはこんなマーベラスな役立《やくだ》て方《かた》や
楽《たの》しみ方《かた》があるという話《はなし》を
あの人《ひと》やこの人《ひと》にディープに聞《き》いてみた本《ほん》 2

2023年9月10日　第1版第1刷発行

編者　数学《すうがく》セミナー編集部《へんしゅうぶ》

発行所　株式会社 日本評論社
〒170-8474 東京都豊島区南大塚3-12-4
電話：03-3987-8621［販売］ 03-3987-8599［編集］

印刷所　精興社
製本所　難波製本

カバー＋本文デザイン　粕谷浩義（StruColor）
インタビュー写真撮影　中野泰輔（第9章を除く）

ISBN978-4-535-79006-3